ゼロからの大学物理 1

ゼロからの力学 I

ゼロからの大学物理 1

ゼロからの 力学 I

十河　清 *Kiyoshi Sogo*
和達三樹 *Miki Wadati*
出口哲生 *Tetsuo Deguchi*

岩波書店

物理を学び始める方へ

　物理学は，自然現象における基本法則を探究する学問である．自然や物質はどのようにできているか，そしてどのような法則に従って現象が起きているか，を明らかにする．基本法則は単に現象を説明するのに用いられるのではない．それによって，現象の予測，制御が可能になる．現在，私たちの身のまわりにある科学技術も，このような物理学の発展にもとづいて開発されてきた．みなさんが理学系あるいは工学系のどんな専門分野に進むにしても，その基礎は物理学と深く関わっていることを念頭においてほしい．

　物理は難しいと考えている学生諸氏も多いであろう．高校で物理を選択しなかった，また選択したとしても，楽しく学べなかったかもしれない．高校の物理では種々の制約があり，多くの興味深いことがらを理解するまでには到っていないからである．まず，このシリーズでは高校物理との連絡を重視しつつ，より高度な課題について記述を進めていきたい．

　物理学に関する重要な科目のなかで，力学と電磁気学はすべての土台になるものである．また，熱力学・統計力学は，化学，生物，工学に広い応用を持っている．歴史的にも，力学，熱力学，電磁気学が完成され，19世紀のおわりにようやく物理学の体系が形成された．そして，20世紀のはじめに，時間に依存しない現象を取り扱う統計力学が完成した．このような観点から，『力学』『電磁気学』『熱力学と統計力学』を編集した．シリーズとしての関連性はあるが，各巻はそれぞれ独立に勉強ができ，大学1年あるいは2年程度の知識で読めるように書かれている．

　物理学は数少ない基本事項にもとづいている．力学ではニュートンによる運動の3法則，電磁気学では4個のマックスウェル方程式，熱力学では第1〜3法則，（平衡）統計力学では正準集団である．これらの法則や原理にいたる「物理学の考え方」を理解できるならば，あとはそれらの応用といえる．しかし，

「言うは易く,行うは難し」であり,法則と応用例を行きつ戻りつ,理解を深めていってもらいたい.何度も自分で手を動かし,確かめることが必要である.

物理の基本法則は数学を使ってあらわされる.なぜそうなのかは不思議なのだが,数学は自然界を記述するのに適した「言葉」となっている.例えば,微分積分は力学とともに導入された.高校の物理が興味深い諸現象を説明しきれずに終わったのは,数学を用いないことにも一因がある.微分積分,微分方程式,ベクトル,偏微分,などを導入しながら,物理法則の理解を深められるよう,ていねいに説明する.

この「ゼロからの大学物理」シリーズを企画してから,すでに5年が経つ.わが国は科学技術創造立国を目指しているのだから,できるだけ多くの方々に基礎分野としての物理学を学んでいただきたいと考え,執筆した.執筆者達は何度となく原稿を読み合い,会合をもって議論した.また,執筆者達に対して岩波書店から絶えず示された見解も活用させていただいた.完成までの年月も今となっては楽しい経験となった.今後は読者の皆様の意見もききながら,なお改良を加えていきたい.奇しくも本年は,アインシュタイン「奇跡の年」1905年から100年にあたる.これからの100年でどのような発展があるのかを夢想しつつ,物理学を勉強する私達の新しい第一歩としたい.

2005 年 9 月

和達三樹
十河　清
出口哲生

まえがき

力学のイメージをつかもう

力学は**物体の運動**を研究する学問である．運動とは物体の位置が時間とともに変化することをいう．物体の位置がどのように変化するかは，**力学法則＝運動方程式**によって決定・記述される．運動方程式の解析を通して物体が運動する様子を心に思い描くこと（描像），これが力学の目標の第一である．

物体の運動の描像にはおよそ次の3つの段階がある．第一は，物体が動くさまをアニメ風に脳裏に思い描く段階．これは誰でもやっていることで，この場合「正確さ」が多少欠けているのが難点だが，それでもこれが運動の描像の根本である．第二は，物体の運動を直線や放物線などのグラフに直して考える段階．ここまで来れば「正確さ」はじゅうぶん確保できるようになる．この場合，運動をあらわすグラフと第一段階のアニメ描像との対応を自在に相互変換できることが大切である．これはいろいろな例を繰り返し練習することによって上達できる．第三は，座標と数式を用いて第二段階のグラフを記述できる段階．この段階に至って初めて自然科学としての力学の記述といえる．

みなさんはこれから力学のいろいろな問題を学んでいくわけだが，これら3つの段階の描像を脳裏に描きながら，いつも**アニメとグラフと数式**との間を自由自在に往ったり来たりする訓練を積んでもらいたい．そうすれば，力学が楽しい科目になり，その理解も深まるはずである．

疑問をもつことは大切だ

本書は，高校の物理や数学で学んだことがらと，大学における力学の講義内容をなめらかにつなげることを目標にしている．そのため，高校の復習を含め，用語の説明，式の導出，陥りやすい誤解などなど，「ゼロからの大学物理」を実現すべく，ていねいに記述した．また，通常の力学の教科書には触れてい

ない話題にもわざと踏み込んで解説を試みた．すぐにはわからなくても，どこかで思い出していただけると思う．

疑問を抱かずに通過できる人は幸いである．

けれども，疑問を持って深く考える人はもっと幸いである．

著者達の経験上，基本的な部分で毎年必ずといっていいほど質問されるようなみなさんの疑問については，残らず回答したつもりである．説明に関しては，いろいろな新工夫も試みているのだが，それらがみなさんの理解の助けになれば，これに過ぎる喜びはない．さらに改良するためにも，ご意見・ご感想などのフィードバックをお願いしたい．

なぜ力学を学ぶのか

ところで，本書を手にされたみなさんの大部分は，物理学ましてや力学を専門にする学生ではないであろう．そのような人達が大学において力学を学ぶ意義について，私達は次のように考える．第一に，力学は歴史上最初に体系化された学問のひとつとして，実験・理論・法則など自然科学の考え方・方法の「お手本」としての役割を持つ．その意味で，いわゆる理系を専門としない人達にも，力学が近代科学の先駆として「人類の呪術からの解放」におおいに貢献した有様を，観念的にではなく具体的な例を通して理解してほしい．第二に，力学を通して学んだ物理的概念や数学的テクニックは，その他の学問を学ぶ際にも役に立つ．講義中に，ある簡単な数学定理を使って説明したところ「えっ，そんなの物理に使っていいんですか？」と驚かれたことがある．物理という学問は，良い意味で貪欲な学問で「使えるものは何でも使ってしまう」というところがある．極端な場合，たとえそれが間違った使い方でも「発見法的推論」としてなら許される．もちろん，後から正しい証明を考えるわけだが．歴史上，そういう発見法的思考が大理論を生んだ例はたくさんあるからである．みなさんにも自分の専門に「物理的思考」をおおいに活用してもらいたい．第三に，力学で学んだことは直接に，例えば姉妹書である『電磁気学』や『熱力学と統計力学』を学ぶ際に，必要となるからである．これは逆も言えて，

電磁気学や統計力学で学ぶことが力学の理解を深めるということもある．それは，力学では無視した状況や問題意識がそこでは取り上げられるからである．本書を修了した後でそれらを勉強する際にも，疑問が生じたならば，繰り返し本書に立ち返ってきてほしい．「目から鱗」ということが必ずあると思う．

力学の学び方

　力学の勉強の仕方について，アドバイスを少し書いておこう．第一に，計算の手間を惜しんではいけない．本書では計算の途中経過も比較的詳しく書いておいたが，必ず自分で（できれば本を見ないで）実行してほしい．目で見ただけと，実際に手も動かした場合とでは，記憶に残る印象が大違いだからである．第二に，答えが出たからといって安心してはいけない．結果をグラフにするなど，できる限り視覚に訴える表現に直して「定性的理解」を得るように努めてほしい．それによって物理的直感が磨かれるからである．第三に，章を読み終えるごとに，その章で一番大事なことは何であるのか，自分なりにまとめてみてほしい．某大物理学者は「本当に重要な理論は，ハガキ一枚にまとめられる」と言ったという．この要約作業を繰り返し実行すれば，物理がじつは暗記科目ではなく，少数の簡単な法則からなる「整然とした建築物」のように見えてくるはずである．最後に，何か疑問な点が生じたらそのままにしておかないで，先生に聞くなり友人と議論するなどして，できるだけ早く解決しておくようにするとよい．それでも解決しない疑問が残ったら？　もしかするとそれは新しい発見への糸口となる問題かもしれない．大切に育んで大きな花を咲かせてほしい．

物理は楽しい学問だ

　本書のような入門書を書くという作業は，最先端の研究とは違った意味で，難しい経験であった．一方で，さまざまな工夫や新機軸を考えるのを，おおいに楽しませてもらったことも事実である．物理学という学問は，初等・高等・先端を問わず，どこにでも「おもしろい問題」「難しい問題」がころがってい

まえがき

ることを発見できたのは，大きな収穫であった．みなさんにも，本書を読むことを通じて，物理を楽しい学問と感じ，さらに物理を好きになってもらえれば，著者冥利につきるというものである．

2005 年 9 月

十河　清
和達三樹
出口哲生

目 次

物理を学び始める方へ
まえがき

第1章 運動の記述 —— 微分法 …………………………… 1
1.1 時間の関数として位置をあらわす ………… 2
1.2 簡単な運動 ……………………………………… 5
1.3 微分法入門 ……………………………………… 12
1.4 微分法によって運動を見る …………………… 20
第1章 問 題 ……………………………………… 23

第2章 平面の運動 —— ベクトル …………………………… 25
2.1 平面上の位置の記述 …………………………… 26
2.2 ベクトル入門 …………………………………… 27
2.3 三角関数の復習 ………………………………… 33
2.4 平面の運動 ……………………………………… 40
第2章 問 題 ……………………………………… 48

第3章 運動の法則 —— ニュートンの運動方程式 ………… 51
3.1 運動の法則 ……………………………………… 52
3.2 ニュートンの微分記法 ………………………… 59
3.3 次元・単位と次元解析 ………………………… 62
第3章 問 題 ……………………………………… 67

第4章 運動方程式を解く —— 積分法 ……………………… 69
4.1 等加速度運動の方程式を解く ………………… 70
4.2 積分がわかれば微分方程式が解ける ………… 74

目　次

　4.3　2次元の等加速度運動 …………………………………… 80
　4.4　減衰運動──指数関数と対数関数 ……………………… 82
　第4章　問　題 ………………………………………………… 95

第5章　さまざまな運動──周期運動 …………………………… 99
　5.1　三角関数の微分 …………………………………………… 100
　5.2　バネの運動を解く ………………………………………… 105
　5.3　2次元調和振動 …………………………………………… 114
　第5章　問　題 ………………………………………………… 120

章末問題　解　答　123
索　引　139

『力学 II』目　次

第6章　運動量保存則とエネルギー保存則
第7章　角運動量とその保存則
第8章　惑星の運動を解く
第9章　加速された座標系から運動をみる
第10章　多粒子系の運動
第11章　剛体の運動

第1章
運動の記述
微 分 法

　この章ではまず「物体の位置を記述する」とはどういうことか，について考えることから始めよう．物体の位置を正確にあらわすため，基準となる点を原点として座標系という枠組みを設ける．物体の位置を座標という一組の数値であらわすのである．物体の運動は「位置座標が時間とともに変化すること」として理解される．このようにして，最終的に数学でいう関数や微分といった概念へと，自然に導かれることになる．これはニュートンがたどった道でもある．

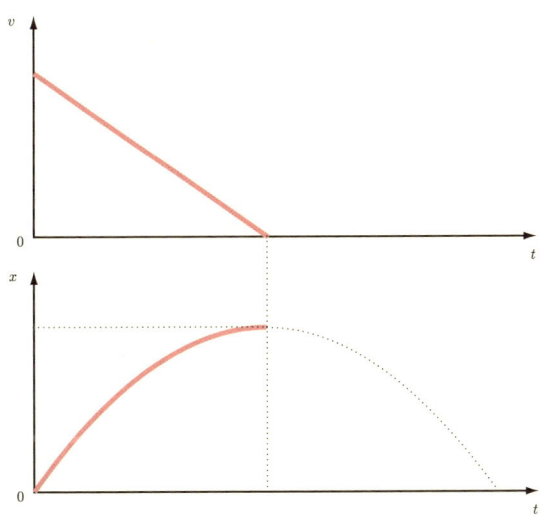

第1章 運動の記述——微分法

1.1 時間の関数として位置をあらわす

みなさんは列車の運行表すなわち「列車ダイヤ」というものを見たことがあるだろうか．図 1.1 は新幹線のある便のそれを模式的に示したものである．横軸は時刻 t で，縦軸は列車の位置 x をあらわす．ここで原点は始発駅を意味している．

折れ線が時々刻々の列車の位置を示し，水平になっている部分は駅に停車していることを意味している．図では簡単のために，駅から駅を傾き一定の直線で結んであるが，このときの「移動距離を所要時間で割った量」を速度（velocity）という．これは直線の傾きにもなっている．傾きが急なほど速度は大きいわけである．

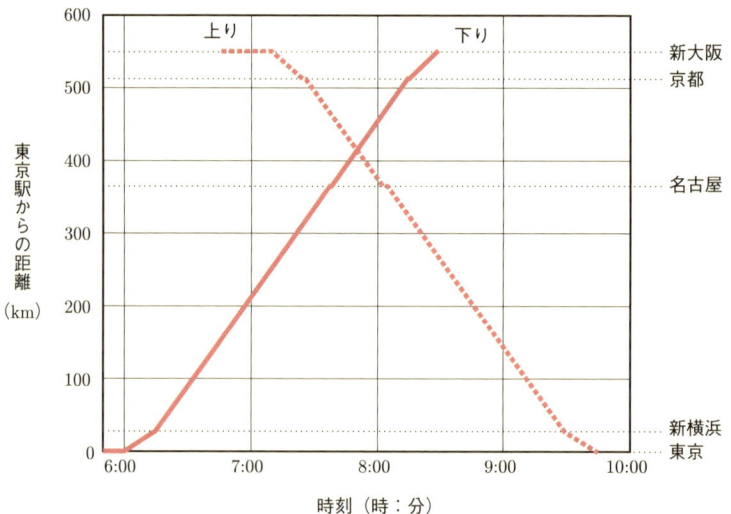

図 **1.1** 新幹線のダイヤ

　　速度と速さ　正確には，物理では正負の符号をともなった量 v を「速度」とよび，その絶対値 $|v|$ を「速さ」（つねに正また

1.1 時間の関数として位置をあらわす

はゼロの量)とよんで，両者を区別する．傾きが負の場合(逆向きの運動)には，速度はマイナス符号とするのである．もちろん，どちら向きを正にするかは，あらかじめ決めておく(上り列車と下り列車に相当).

列車の運行について細かいことをいうと，実際には静止状態から急に一定速度になるわけではなく，図 1.2 にみるように徐々に加速していって定常速度に移行する．

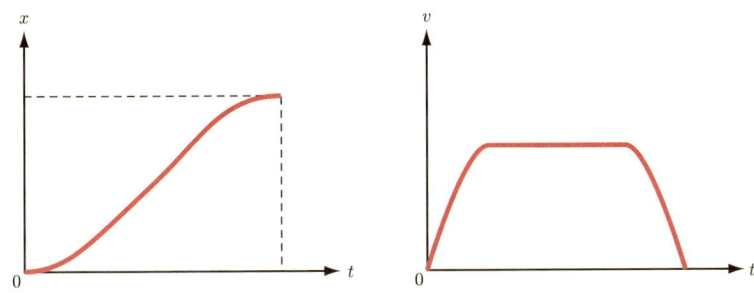

図 **1.2** 実際の列車の位置と速度の変化の様子．右の図をみると徐々に加速していき定常速度になった後，徐々に減速して停止するようすがよくわかる

その意味で上記の「移動距離を所要時間で割った量」は，正確には平均の速さとよぶべきである．

$$\text{平均の速さ} = \frac{\text{移動距離}}{\text{所要時間}} \tag{1.1}$$

平均の速さで進めば実際にかかったのと同じ所要時間で次の駅に到着するわけである．実際には加速と減速の部分があるので，途中では平均の速さよりも大きい速度が出ているときもあることに注意してほしい．

このように時刻 t における列車の位置 x は，一般に縦軸を x，横軸を t のグラフとして，ある曲線で与えられる．このような曲線のグラフを一般に **x-t グラフ**という．そして，t を与えれば x が決まるという関係にあるとき，「x は t の関数である」という．位置 x を時間 t の関数としてあらわした，この曲線の式 $x = x(t)$ を決めることが，物体の運動を記述することにほかならない．

第1章 運動の記述——微分法

余談 一般に数学の講義では関数は $x=f(t)$ などとあらわすのが普通である（f は function=関数の頭文字）．ここで関数の名前として変数の名前 x と同じ文字を使ったのは記号の節約のためで，物理ではよくこういうことをする．慣れないうちは奇妙な感じがするかもしれないが，わざわざ別の文字を使うのは不自然ともいえる．

蛇足ながらもうひとつ書いておくと，物体の運動を記述する関数 $x=x(t)$ はどんなものでも許されるわけではない．例えば図 1.3 のように，ある時刻に，急に別の位置に跳ぶとか，2 つに分離する，といった運動は考えない．ロケットから人工衛星が分離するといった場合には，2 つに分かれたようにも考えられるが，この場合はもともと 2 つの物体の運動を 1 つの図に並べて描いたものとみなすのである．以上のことを数学の言葉でいうと，運動は「1 価で連続な関数」によって記述されるのである．「1 価関数」とは，t に対して $x=x(t)$ の取る値が 1 つだけの場合をいう．

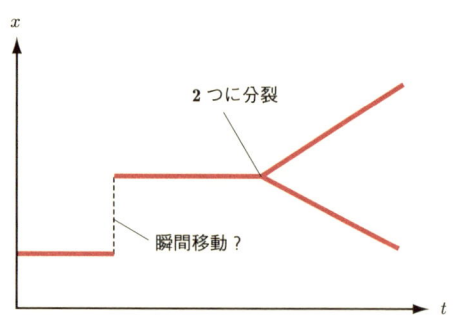

図 **1.3** 力学では考えない関数

例題 1.1 男子マラソンの公認世界記録は 2023 年 3 月現在，ケニアのエリウド・キプチョゲの持つ 2 時間 1 分 9 秒である．平均速度を求めて，100 m 走に直したときの記録が何秒になるかを計算してみよ．

解答 マラソンは全行程 42.195 km を走るので，メートル (m) と秒 (s) に直して

$$\text{平均速度} = \frac{42.195 \times 10^3 \text{ m}}{2 \times 60 \times 60 + 1 \times 60 + 9 \text{ s}} = 5.80 \quad \text{(m/s)}$$

となる．逆数(1 m を何秒で走るか)を取って 100 を掛ければ，100 m を走るのに要する時間

$$\frac{100}{5.80} = 17.2 \quad (\text{s})$$

が得られる．一般人の 100 m 走のタイムを思えば，これは驚異的な速さである．

1.2 簡単な運動

最もやさしい 1 次元の直線運動の場合を考える．具体的には前節の電車の運動を想定すればよいであろう．直線運動を簡単な場合から順にみていこう．

(a) 等速度運動

図 1.4 は物体が一定速度で運動している**等速度運動**で，$x(t) = v_0 t$ とあらわされる(添字 0 を付けたのは，一定値であることを強調するため)．この場合の直線の傾きが速度(velocity) v_0 である．

ここで「傾き」とは，時間の増分 Δt に対する位置の増分 Δx の比 $\Delta x / \Delta t = v_0$ のことをいう．

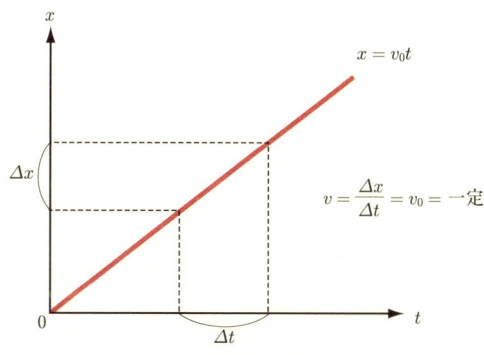

図 **1.4** 等速度運動の位置-時間グラフ

$$\text{速度} \quad v = \frac{\Delta x}{\Delta t} = v_0 \quad (\text{等速度のとき}) \tag{1.2}$$

$v_0<0$(図の直線が右下がり)の場合,すなわち速度が負とは,左向きに(x が負の向きに)運動することに相当する.ただし,これは最初に位置 x としてどちら向きを正に選んだかによって決まるので注意が必要である.等速度運動の場合の速度 $v(t)=v_0$ をグラフにしたのが,図 1.5 である(**v-t グラフ**).

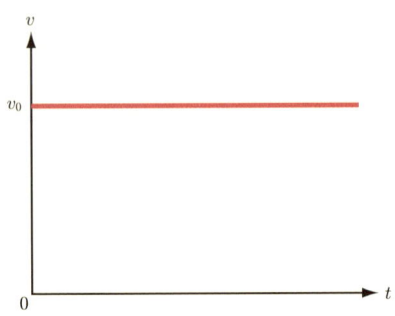

図 **1.5** 等速度運動の速度-時間(v-t)グラフ

このように

> グラフ表示では「縦軸・横軸がそれぞれ何をあらわしているのか」
> に,いつも気を付けよう

だれかに説明する場合でも,あらかじめ縦軸・横軸の意味を述べておけば,無用の誤解を避けることができる.

(b) 等加速度運動

それでは,$x(t)=\frac{1}{2}a_0 t^2$ のように,位置が t の2次式にしたがって変化する図 1.6 のような場合はどうか.これは電車が加速中の状況にあたる.

このとき,速度としては2通りのものが考えられる.ひとつは平均速度で,有限の時間区間 $t_1 \leqq t \leqq t_2$ の移動距離 $\Delta x=x(t_2)-x(t_1)$ を時間幅 $\Delta t=t_2-t_1$ で割った

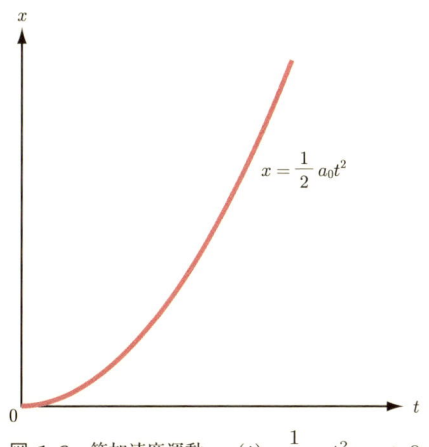

図 1.6　等加速度運動，$x(t) = \dfrac{1}{2} a_0 t^2$，$a_0 > 0$

$$\bar{v} = \frac{\Delta x}{\Delta t} = \frac{x(t_2) - x(t_1)}{t_2 - t_1} \qquad (t_1 \leqq t \leqq t_2) \tag{1.3}$$

をいう．平均速度 $\bar{v}$ は区間に対して定義される量である．いまの場合，この量は

$$\begin{aligned}
\bar{v} &= \frac{1}{t_2 - t_1} \left(\frac{a_0}{2} t_2^2 - \frac{a_0}{2} t_1^2 \right) \\
&= \frac{a_0}{2} \frac{t_2^2 - t_1^2}{t_2 - t_1} \\
&= \frac{a_0}{2} \frac{(t_2 + t_1)(t_2 - t_1)}{t_2 - t_1} \\
&= \frac{a_0}{2} (t_2 + t_1)
\end{aligned}$$

と計算される．これは図 1.7 に描いた直線の傾きにほかならない．

　もうひとつの速度は瞬間速度といい，以下のように求められるものである．平均速度の表式 (1.3) で t_2 を t_1 に近づけると，分母と分子はともにゼロに近づく．この t_2 を t_1 に近づけるという操作を数学では極限といい，

$$\lim_{t_2 \to t_1}$$

と書く．いまの場合の $x(t) = \dfrac{1}{2} a_0 t^2$ を代入すると

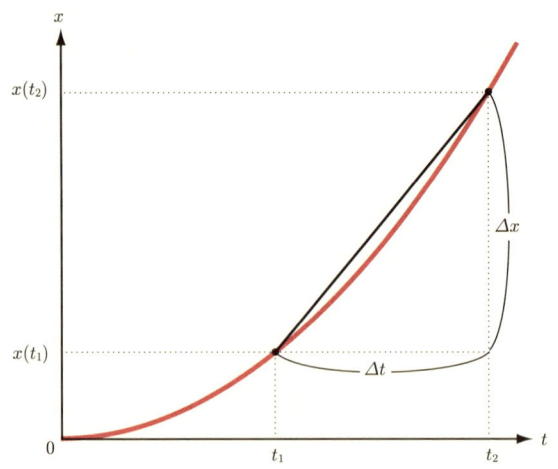

図 **1.7** 平均速度は傾き $\Delta x/\Delta t$

$$
\begin{aligned}
v(t_1) &= \lim_{t_2 \to t_1} \frac{x(t_2) - x(t_1)}{t_2 - t_1} = \lim_{t_2 \to t_1} \frac{1}{t_2 - t_1}\left(\frac{a_0}{2}t_2^2 - \frac{a_0}{2}t_1^2\right) \\
&= \lim_{t_2 \to t_1} \frac{a_0}{2}\frac{t_2^2 - t_1^2}{t_2 - t_1} = \lim_{t_2 \to t_1} \frac{a_0}{2}\frac{(t_2 + t_1)(t_2 - t_1)}{t_2 - t_1} \\
&= \lim_{t_2 \to t_1} \frac{a_0}{2}(t_2 + t_1) \\
&= a_0 t_1
\end{aligned}
$$

を得る．瞬間速度とは「きわめて短い時間内の平均速度」にほかならない．

これが時刻 $t=t_1$ における 2 次曲線 $x=x(t)=\frac{1}{2}a_0t^2$ の接線の傾きになっていることは，極限操作の仕方から理解できるであろう．この関数 $v=v(t)=a_0t$ が今の場合の瞬間速度をあらわす関数で，v-t グラフは図 1.8 右のように傾き a_0 の直線となる．

一般に v-t グラフが直線になるような運動を等加速度運動といい，このときの傾き a_0 を加速度(acceleration)という．$a_0<0$ の場合は，減速度(deceleration)であるが，物理ではふつう「負の加速度」といい，加速・減速を値の正・負で区別する．

一般の場合の瞬間速度は，$t_1=t$, $t_2=t+\Delta t$, $\Delta x=x(t+\Delta t)-x(t)$ として

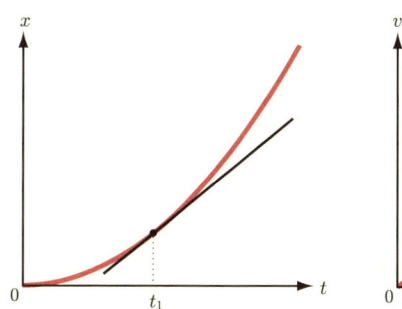 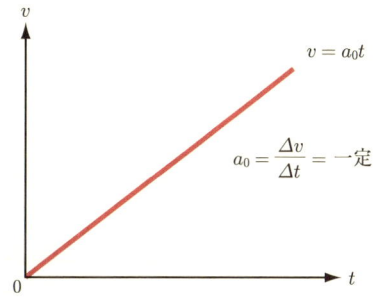

図 **1.8** 瞬間速度は接線の傾き，等加速度運動では速度は直線になる

$$v(t) = \lim_{\Delta t \to 0} \frac{\Delta x}{\Delta t} \tag{1.4}$$

のように定義される．平均速度の定義(1.3)に極限操作が加わったところが異なっている．

これがニュートンが導入した微分の定義にほかならない．t の関数として与えられた $x(t)$ に対して上記の極限をとることを，「$x(t)$ を t について微分する」といい，dx/dt とあらわす．数学の本では Δt の代わりに h と書いて

$$\frac{dx}{dt} = \lim_{h \to 0} \frac{x(t+h) - x(t)}{h} \tag{1.5}$$

を定義にするが，文字が違うだけで概念としてはもちろん同じものである．

速度は位置を時間で微分したもの

なのである(略して位置の時間微分ともいう)．同様にして，速度を時間で微分

Isaac Newton(1643-1727)

イギリスの数学者，物理学者，天文学者．力学原理，万有引力の法則，惑星の運動などについて系統的に叙述された主著『自然哲学の数学的諸原理』(しばしば『プリンキピア(Principia)』と略称される)は，精密自然科学の規範とされてきた．

ニュートン

第 1 章 運動の記述——微分法

したものを加速度という．

$$a = \frac{\mathrm{d}v}{\mathrm{d}t} \tag{1.6}$$

加速度は速度の時間微分なのである．微分法については次節であらためて学ぶことにする．

例題 1.2 図 1.9 の x-t グラフの運動を式であらわしてみよ．またこのときの v-t グラフを描け．

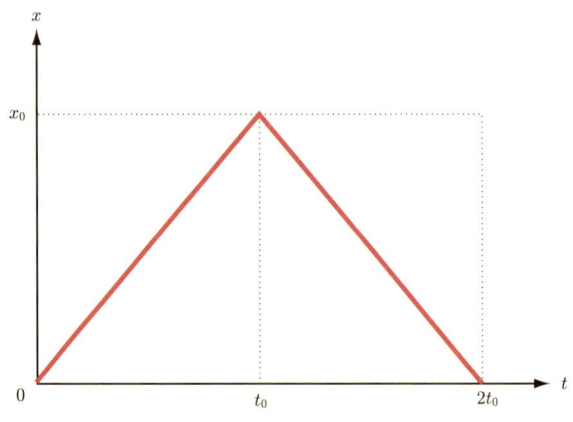

図 **1.9** ちょっと複雑な運動

t の区間を t_0 の前後で 2 つに分ければ，それぞれで等速度運動になっている．

$$x(t) = x_0 \frac{t}{t_0} \qquad (0 \leqq t \leqq t_0),$$
$$x(t) = x_0 \frac{2t_0 - t}{t_0} \quad (t_0 \leqq t \leqq 2t_0)$$

このとき，速度 $v(t)$ は

1.2 簡単な運動

$$v(t) = \frac{x_0}{t_0} \quad (0 \leqq t \leqq t_0),$$
$$v(t) = -\frac{x_0}{t_0} \quad (t_0 \leqq t \leqq 2t_0)$$

となるので，v-t グラフは図 1.10 で与えられる．

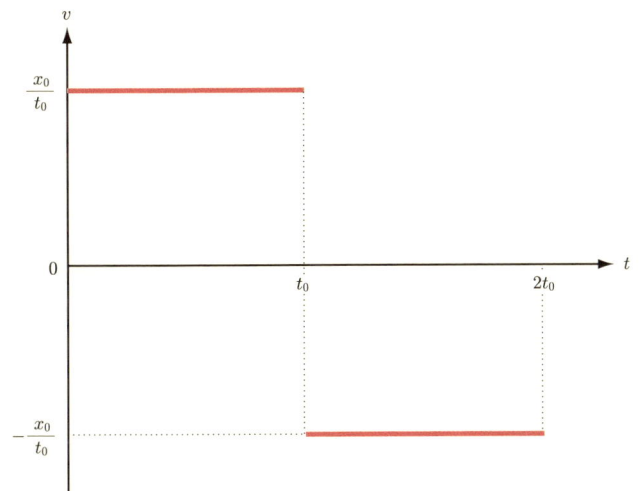

図 **1.10** 図 1.9 で与えられた運動の速度-時間グラフ

ここで，速度のグラフが $t=t_0$ で不連続であることについて一言しておこう．この運動は，例えばある物体が $x=x_0$ にある壁に衝突して跳ね返るときの運動に相当する．$t=t_0$ の前後のきわめて短い時間に，衝突の場合の速度が $v=v_0$ から $v=-v_0$ に連続的に変化していることは，高速度撮影した映像などからもわかる．だから，正確な速度の時間依存性は図 1.11 のようになっているものと考えられる．けれども，いま関心があるのは移動中の運動であって，衝突前後の短時間の詳細は問題にしないものとすれば，図 1.10 のように運動を理想化しても許されるであろう．

どういう時間スケールで考えるかによって，運動の記述の仕方も変化するということは記憶のどこかに留めておいてもらいたい．

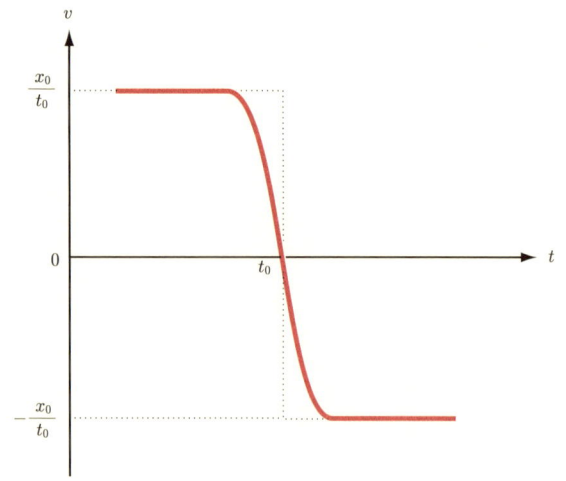

図 1.11 実際の速度変化，移り変りが急ならば図 1.10 と区別がつかない

1.3 微分法入門

　ここでいったん力学を離れて，微分法についての一般的な事項を整理しておこう．ニュートンによる微分積分法の発見は力学にその発端があったのだが，その応用や意義はたんに力学に留まらない普遍的なものである．実際，微分法のもうひとりの発見者ライプニッツ(G.W. Leibniz, 1646-1716)の場合は，かならずしも力学に由来したわけではなく，代数的・幾何学的な動機があった．
　関数 $f(t)$ の微分を，極限値

$$\frac{\mathrm{d}}{\mathrm{d}t}f(t) = \lim_{h \to 0} \frac{f(t+h) - f(t)}{h} \tag{1.7}$$

で定義する．すなわち，右辺の極限値が存在するとき，それを関数 $f(t)$ の微分(あるいは導関数)といい，左辺のような記号であらわすのである．ある関数の微分は，一般に別のある関数になる．この操作は「関数から関数への写像」であり，一般に演算とか作用素とよばれるものの一種なので，微分演算ともよ

ばれる．式(1.7)は，関数 $f(t)$ に対する d/dt という微分演算が，右辺の極限値で定義される，と理解してもよい．よって，この操作を「関数 $f(t)$ を微分する」(differentiate)ともいう．この記法はライプニッツによるもので，場合によりこれを df/dt と書くことがある．あたかも df と dt の割り算とも読め，実際にそういう解釈が便利なことがあるので，これを「微分商」ともいう．

$f(t)$ が簡単な場合について，微分を求めてみよう．

例題 1.3 関数 $f(t)$ が

(1) $f(t) = c$ （定数）

(2) $f(t) = t$

(3) $f(t) = t^2$

の場合について，定義(1.7)にしたがって微分を計算せよ．

解答 定義通りに計算すればよい．

(1) $\dfrac{\mathrm{d}}{\mathrm{d}t} c = \lim_{h \to 0} \dfrac{c - c}{h} = \lim_{h \to 0} 0 = 0$

(2) $\dfrac{\mathrm{d}}{\mathrm{d}t} t = \lim_{h \to 0} \dfrac{(t+h) - t}{h} = \lim_{h \to 0} 1 = 1$

(3) $\dfrac{\mathrm{d}}{\mathrm{d}t} t^2 = \lim_{h \to 0} \dfrac{(t+h)^2 - t^2}{h} = \lim_{h \to 0} (2t + h) = 2t$

ここで最後の式変形には公式 $(t+h)^2 = t^2 + 2ht + h^2$ を使った．(2)を微分商の形にあらわすと，dt/dt=1 となり「割り算」としては当然の結果と読めることはおもしろい．

微分の定義から，微分には次の諸性質が成り立つことがわかる．

第1章　運動の記述——微分法

> **微分の基本性質**
>
> 1. 「定数倍の微分」は「微分の定数倍」に等しい
>
> $$\frac{\mathrm{d}}{\mathrm{d}t}(cf) = c\frac{\mathrm{d}}{\mathrm{d}t}f$$
>
> 2. 「和の微分」は「微分の和」に等しい
>
> $$\frac{\mathrm{d}}{\mathrm{d}t}(f+g) = \frac{\mathrm{d}}{\mathrm{d}t}f + \frac{\mathrm{d}}{\mathrm{d}t}g$$
>
> 3. 積の微分公式
>
> $$\frac{\mathrm{d}}{\mathrm{d}t}(fg) = \frac{\mathrm{d}f}{\mathrm{d}t}g + f\frac{\mathrm{d}g}{\mathrm{d}t}$$

いずれも証明は容易である．念のために書いておくと，(性質1)は

$$\frac{cf(t+h) - cf(t)}{h} = c\frac{f(t+h) - f(t)}{h}$$

であるから当然である．(性質2)は

$$\frac{(f(t+h) + g(t+h)) - (f(t) + g(t))}{h}$$
$$= \frac{f(t+h) - f(t)}{h} + \frac{g(t+h) - g(t)}{h}$$

からいえる．最後の「積の微分公式」も，等式

$$\frac{f(t+h)g(t+h) - f(t)g(t)}{h}$$
$$= \frac{(f(t+h) - f(t))\,g(t+h) + f(t)\,(g(t+h) - g(t))}{h}$$
$$= \frac{f(t+h) - f(t)}{h}g(t+h) + f(t)\frac{g(t+h) - g(t)}{h}$$

に注意すれば簡単である．最後の行の右辺の第1項で，極限 $g(t+h) \to g(t)$ を使うところが少し気づきにくいが，わかってみればおもしろいと感じることだろう．

以上を「微分法の基本法則」ということもあり，この3つから微分法を構

成することもできる.とくに第3番目の「積の微分公式」の重要性を明示的に論じたのはライプニッツの功績である.もちろんニュートンもこんな性質は先刻承知であったに違いないのだが.

(a) ベキ乗の微分

t^2 の微分は既出(例題 1.3)であるが,上の(性質 3)を使った導出を与えておこう.$t^2 = t \cdot t$ であるから

$$\frac{\mathrm{d}}{\mathrm{d}t}t^2 = t\frac{\mathrm{d}t}{\mathrm{d}t} + \frac{\mathrm{d}t}{\mathrm{d}t}t = t + t = 2t$$

というように,例題 1.3 の(3)が極限操作なしで得られた.これは積の微分公式の有効性を如実に示している.

同様にして,t^3 の微分をやってみると,$t^3 = t^2 \cdot t$ であるから,積の微分公式と t^2 のときの結果を使って

$$\frac{\mathrm{d}}{\mathrm{d}t}t^3 = \frac{\mathrm{d}t^2}{\mathrm{d}t}t + t^2\frac{\mathrm{d}t}{\mathrm{d}t} = 2t \cdot t + t^2 \cdot 1 = 3t^2$$

以上から,一般に n を自然数とするとき t^n の微分は

$$\frac{\mathrm{d}}{\mathrm{d}t}t^n = nt^{n-1}$$

となることが予想される.証明には数学的帰納法を用いればよい.すなわち n の場合の成立を仮定して,$n+1$ のときに $t^{n+1} = t^n \cdot t$ として積の微分公式を適用するのである.

微分の定義にもとづき,極限操作によって同じ公式を導出する問題を章末に挙げたので取り組んでほしい(問題 1.6).

以上で,微分法の「基本中の基本」ともいえる公式

ベキ乗の微分法則

$$\frac{\mathrm{d}}{\mathrm{d}t}t^n = nt^{n-1} \qquad (n = 0, 1, 2, \cdots) \tag{1.8}$$

が示された．とくに $n=0$ の場合 $t^0=1$ であるから，これは 定数の微分=0 を意味している．これは例題 1.3 の (1) にほかならない．

ここで，上記の公式が，n が負の数や分数の場合にも成り立つことを注意しておこう．この場合には上の数学的帰納法による証明は適用できないが，別の方法によって証明できるのである．その一例を章末問題 1.1 と 1.2 に示した．微分法を応用するという，力学の立場からすれば，式 (1.8) が任意の実数 n に対して成立することは，自由に使ってよい．

(b) 多項式の微分

$a_0, a_1, \cdots, a_n$ を定数係数とする関数

$$f(t) = a_0 + a_1 t + \cdots + a_n t^n \tag{1.9}$$

を多項式といい，最高次の係数 $a_n \neq 0$ のとき n 次の多項式という．

多項式 $f(t)$ に対して，基本性質の 2 (和の微分) と 1 (定数倍の微分) を繰り返し用いれば

$$\begin{aligned}\frac{\mathrm{d}}{\mathrm{d}t} f(t) &= \frac{\mathrm{d}}{\mathrm{d}t} \left(a_0 + a_1 t + a_2 t^2 + \cdots + a_n t^n \right) \\ &= a_1 + 2 a_2 t + \cdots + n a_n t^{n-1}\end{aligned} \tag{1.10}$$

という多項式に対する微分公式が得られる．こうして n 次の多項式の微分は $n-1$ 次の多項式となる．多項式の微分といっても，項別に微分すればよいのであって，結局は公式 (1.8) が基本なのである．

例題 1.4 次の微分を計算せよ．

$$\frac{\mathrm{d}}{\mathrm{d}t}(1+t)(1-t)$$

解答 これを 2 通りの方法で計算してみよう．展開 $(1+t)(1-t) = 1-t^2$ により，多項式の微分を実行すれば

$$\frac{d}{dt}(1+t)(1-t) = \frac{d}{dt}(1-t^2) = -2t$$

となる．あるいは，積の微分公式を使って

$$\frac{d}{dt}(1+t)(1-t) = \frac{d(1+t)}{dt}(1-t) + (1+t)\frac{d(1-t)}{dt}$$
$$= 1\cdot(1-t) + (1+t)\cdot(-1) = -2t$$

としてもよい．この程度の計算であれば，どちらでやっても間違えないであろうが，少し複雑になると，後者の場合に項を書き忘れたり，符号を間違えたりする人をときたま見かけるので，よく注意すべきである．

(c) 合成関数の微分

これから紹介するのは複雑な関数の微分を，より簡単な関数の微分を組み合わせて計算する，たいへん便利な技法である．力学の問題においては，いろいろな場面で頻繁に使われるので，よく練習していつでも使いこなせるようにしておきたい．

2つの関数 $v=f(u)$ と $u=g(t)$ があるとき，$v=f(u)=f(g(t))\equiv F(t)$ のようにつくられる関数 $F(t)=f(g(t))$ を**合成関数**という．ここで ≡ は「左辺のものを右辺であらわす，あるいは逆に右辺のものを左辺であらわす」という記号で，結局は「定義する，同値である」という意味である．例えば $F(t)=t^4+2t^2+1=(t^2+1)^2$ という関数を考えるとき，$f(t)=t^2$, $g(t)=t^2+1$ とすれば，$F(t)=f(g(t))$ とあらわされる．

> **余談** 関数とは「数と数の間の対応関係」であるから，変数にどんな文字記号を使うかにさほどの意味はない．例えば，時間変数に t を使うのは覚えやすい（t は time の頭文字）からであり，上の式は t が時間のときしか使えないというわけではない．ニュートンは，前掲の微分規則やここで述べる合成関数の微分規則はもちろん知っていたのであるが，例えばここで $f(t)$ に $g(t)$ を「代入する」ことに心理的な抵抗があったらしい．物理の変数は，3.3節に述べるように「次元＝単位」を持っているから，物理学者とし

ての彼の疑問は正当なものである．幸いにして現代に生きるわれわれは，この種の「数学と物理の使い分け」に悩むことはあまりないが，心得ておくべきことではある．

さて，このような合成関数の微分については，次の性質がある．すなわち，合成関数 $f(g(t))$ の微分は

$$\frac{\mathrm{d}f}{\mathrm{d}t} = \frac{\mathrm{d}g}{\mathrm{d}t}\frac{\mathrm{d}f}{\mathrm{d}g} \tag{1.11}$$

で与えられる．これを鎖の規則(チェイン・ルール)ともいう．右辺で$\mathrm{d}g$ が約分されると考えればわかりやすい．実際，先の $(t^2+1)^2$ の場合について確かめると $u=t^2+1$ として

$$\frac{\mathrm{d}}{\mathrm{d}t}(t^2+1)^2 = \frac{\mathrm{d}u}{\mathrm{d}t}\frac{\mathrm{d}u^2}{\mathrm{d}u} = 2t \cdot 2u = 4t(t^2+1)$$
$$\frac{\mathrm{d}}{\mathrm{d}t}(t^4+2t^2+1) = 4t^3+4t = 4t(t^2+1)$$

となり，たしかに成立している．

この性質の一般的証明は，微分の定義に立ち戻るのがよい．すなわち

$$\begin{aligned}\frac{\mathrm{d}}{\mathrm{d}t}f(g(t)) &= \lim_{h\to 0}\frac{f(g(t+h))-f(g(t))}{h}\\ &= \lim_{h\to 0}\frac{g(t+h)-g(t)}{h}\frac{f(g(t+h))-f(g(t))}{g(t+h)-g(t)}\\ &= \lim_{h\to 0}\frac{g(t+h)-g(t)}{h}\frac{f(g(t)+H)-f(g(t))}{H}\end{aligned}$$

と変形する．ここで $H=g(t+h)-g(t)$ である．$h\to 0$ のとき $H\to 0$ でもあるから，この極限は結局(1.11)の右辺に一致することがわかる．

(d) 高 階 微 分

微分演算は，繰り返すことができる．例えば t^3 の微分は $3t^2$ であったが，これをもう一度微分すると $6t$ となる．これを

$$\frac{d^2}{dt^2}t^3 = \frac{d}{dt}\left(\frac{d}{dt}t^3\right) = \frac{d}{dt}(3t^2) = 3\frac{d}{dt}t^2 = 3\cdot 2t = 6t$$

と書いて，2 階微分という．同様にして，一般に n を自然数として

$$\frac{d^n f}{dt^n} = \frac{d}{dt}\left(\frac{d^{n-1}f}{dt^{n-1}}\right) \tag{1.12}$$

を n 階微分という．分母と分子で微分の階数を書く場所が微妙に違う点に注意してほしい．ここを間違えると，場合によって全然別の意味になることがあるので気をつけてほしい．実際，d^2x/dt^2 を dx^2/dt^2 と誤記した結果，後者をさらに $dx^2/dt^2 = (dx/dt)^2$ と変形してしまった答案に出会ったことがある．加速度と速度の 2 乗とはまったく異なる 2 つのものであることは明白であろう．

前節で「位置の時間微分は速度である」こと，および「速度の時間微分は加速度である」ことを述べた．これをいまの言葉でいいあらわせば，「加速度は位置の時間に関する 2 階微分である」となる．

$$a = \frac{dv}{dt} = \frac{d^2x}{dt^2} \tag{1.13}$$

例題 1.5 高階微分の計算練習として，次の微分を求めてみよ．

$$\frac{d^2}{dt^2}\left((t-1)^3 - 3(t-1)^2 + 4\right)$$

解答 合成関数の微分規則 (1.11) を使って（といっても簡単であるが）

$$\frac{d^2}{dt^2}\left((t-1)^3 - 3(t-1)^2 + 4\right) = \frac{d}{dt}\left(3(t-1)^2 - 6(t-1)\right)$$
$$= 6(t-1) - 6 = 6(t-2)$$

となる．もちろん，はじめに展開しておいて

第 1 章　運動の記述──微分法

$$\frac{d^2}{dt^2}\left((t-1)^3 - 3(t-1)^2 + 4\right) = \frac{d^2}{dt^2}(t^3 - 6t^2 + 9t)$$
$$= \frac{d}{dt}(3t^2 - 12t + 9) = 6t - 12 = 6(t-2)$$

と計算してもよい．

ほかにも，変わった計算法として $t-1=u$ と置いて，因数分解 $u^3 - 3u^2 + 4 = (u+1)(u-2)^2$ を使い，もとの変数 t に戻して得られる $t(t-3)^2$ を微分して

$$\frac{d^2}{dt^2}\left((t-1)^3 - 3(t-1)^2 + 4\right)$$
$$= \frac{d^2}{dt^2}t(t-3)^2 = \frac{d}{dt}\left((t-3)^2 + t \cdot 2(t-3)\right)$$
$$= 2(t-3) + 2(t-3) + 2t = 6(t-2) \tag{1.14}$$

としてもよい．この場合，因数分解できたのは，そういうふうに問題を作ってあったからだが，やみくもに微分を実行する前に，できるだけ式を簡単化しておく，というのも大切な心掛けである．

1.4　微分法によって運動を見る

微分法の観点からもう一度，簡単な運動の問題を考察して，この章を終わることにしよう．

例題 1.6　冬期五輪の競技に「カーリング」という種目がある．一見したところ，氷の上をほうきでお掃除するユーモラスな競技であるが，なかなか高度な作戦を要する頭脳的種目である．カーリングではストーンと呼ばれる円柱状の物体を氷の上で滑らせる．氷の上を物体が滑るときの摩擦の問題は，じつは一筋縄ではいかない難問なのであるが，ここでは簡単のために「負の加速度をもつ等加速度運動」であるとして，この問題を取り扱ってみよう．

一定の加速度を $-a_0$ とし，$t=0$ のときの初速度を v_0 とするとき，止まるまでの速度の時間変化をあらわす関数 $v(t)$ を求めよ．静止するまでの時間 T は

どうあらわされるか．また，そのときの位置の変化 $x(t)$ を求め，静止するまでの移動距離 L を計算せよ．

解答 加速度は速度の時間微分であるから

$$\frac{\mathrm{d}}{\mathrm{d}t}v = -a_0 \qquad (a_0 > 0)$$

となる．微分して定数になるのは t の 1 次の多項式であるから，$v(t)=c_0+c_1 t$ を代入してみれば，$c_1=-a_0$ であることがわかる．また初速度$=v_0$ から $c_0=v_0$ である．よって $v(t)=v_0-a_0 t$ を得る．静止するまでの時間 T は $v(T)=v_0-a_0 T=0$ を解いて $T=v_0/a_0$ と求まる．以上から v-t グラフは図 1.12 上のような直線となる．いったん静止すれば，もはや動かないことはいうまでもない．

さらに，速度は位置の時間微分であるから

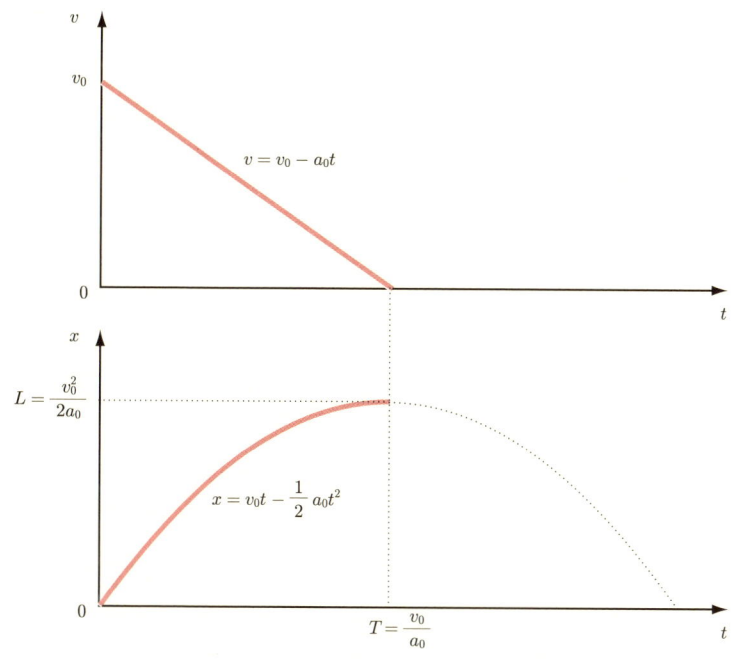

図 **1.12** カーリング（ストーンの運動）

第 1 章　運動の記述——微分法

$$\frac{\mathrm{d}}{\mathrm{d}t}x = v(t) = v_0 - a_0 t$$

となるが，微分して 1 次式となるのは 2 次の多項式であるから，あらためて $x(t)=c_0+c_1t+c_2t^2$ を代入して $c_1=v_0$, $2c_2=-a_0$ を得る．最初の位置を $x(0)=0$ とすれば $c_0=0$ となるので，結局

$$x(t) = v_0 t - \frac{1}{2}a_0 t^2$$

となる．この t に $T=v_0/a_0$ を代入して，移動距離

$$\begin{aligned}L &= v_0 T - \frac{1}{2}a_0 T^2 \\ &= v_0 \frac{v_0}{a_0} - \frac{1}{2}a_0 \left(\frac{v_0}{a_0}\right)^2 = \frac{v_0{}^2}{2a_0}\end{aligned}$$

と計算される．以上から x-t グラフは図 1.12 下のような放物線(の一部)になることがわかる．

微分方程式

例題 1.6 のように，力学の問題では，

> 微分をあらわす式が与えられたとき，それを満たす元の関数を求めよ

という形式の問題設定が頻繁にあらわれる．数学では，このような未知関数の微分を含む方程式を微分方程式といい，それを満たす解を求めることを「微分方程式を解く」という．力学の問題とは，問題に応じて位置 x や速度 v に対して適切な微分方程式を作り，その解を求めることによって運動を決定することであるといってもよい．力学に登場するいろいろな微分方程式が解けるようになるための準備と技法は，第 4 章と第 5 章であらためて学ぶ．

第1章 問題

問題 1.1 $t^{-1} = \dfrac{1}{t}$ の微分を定義にしたがって計算せよ．

問題 1.2 $f(t) = \sqrt{t}$ の微分を，$f^2 = t$ の両辺を t について微分することによって求めよ（合成関数の微分公式を使う）．

問題 1.3 等加速度運動の式 $x = \dfrac{1}{2} a_0 t^2$ において，t を x の関数として解けば，$t > 0$ で

$$t = \sqrt{\dfrac{2x}{a_0}}$$

となる．このグラフを描き，その意味を考えよ．また，速度 $v = \mathrm{d}x/\mathrm{d}t$ を求めたのち，v を x の関数としてあらわし，同様の考察をしてみよ．

問題 1.4 関数 $f(t), g(t)$ の商 $g(t)/f(t)$ の微分公式

$$\dfrac{\mathrm{d}}{\mathrm{d}t}\left(\dfrac{g}{f}\right) = \dfrac{1}{f^2}\left(f\dfrac{\mathrm{d}g}{\mathrm{d}t} - \dfrac{\mathrm{d}f}{\mathrm{d}t}g\right)$$

を示せ．

（ヒント）$F(t) = g(t)/f(t)$ とおいて，分母を払った $F(t)f(t) = g(t)$ の両辺を t で微分してみよ．

問題 1.5 前問の公式を使って，以下の微分を計算せよ．

(1) $\dfrac{\mathrm{d}}{\mathrm{d}t}\left(\dfrac{t}{1+t}\right)$ (2) $\dfrac{\mathrm{d}}{\mathrm{d}t}\dfrac{1}{1+t^2}$

問題 1.6 次の「2項定理」を証明せよ．

$$(t+h)^n = \sum_{k=0}^{n} \binom{n}{k} t^{n-k} h^k = t^n + nt^{n-1}h + \cdots + h^n,$$

$$\binom{n}{k} = \dfrac{n!}{k!(n-k)!}$$

ここで $n! = n(n-1)\cdots 1$ は n の階乗である．定義として，$0! = 1$ とする．

さらにこれを使って，微分の定義式 (1.7) にしたがって

第1章 運動の記述――微分法

$$\frac{\mathrm{d}}{\mathrm{d}t}t^n = nt^{n-1}$$

を示せ.

第 2 章

平面の運動
ベクトル

　第 1 章では直線上の運動を議論した．物体が平面上で運動するとき，その運動を**平面運動**という．この章では「運動の記述」の問題を，より複雑な平面運動の場合に考察する．簡単な平面運動の例として放物線や円運動を取り上げれば，必然的にベクトルや三角関数の数学も学ぶことになる．この場合も，前章同様に「アニメとグラフと数式と」の間を自由に行き来できるようになることが目標である．とくに「式を見て運動をイメージし，運動を見て式が浮かぶ」ようになれば，本章の目的は達成されたといえる．

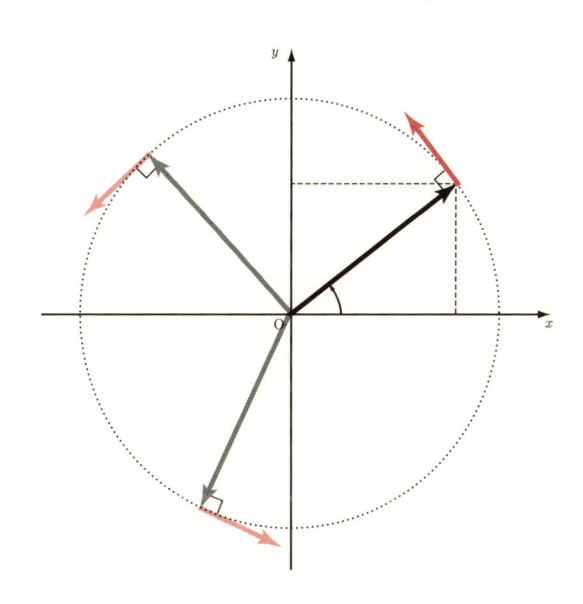

第 2 章 平面の運動——ベクトル

2.1 平面上の位置の記述

(a) 平面上の位置

みなさんは将棋とかチェスをやったことがあるだろうか？ 駒が移動するさまは広い意味で「運動」といってもよいが，ここではそういう「将棋の力学(？)」を議論したいのではなくて，棋譜(指し手の記録)について話題にしたいのである．将棋では約束によって，右上隅から下方に漢数字で一から九まで，左方へ洋数字で 1 から 9 までマス目に番号を振り，「先手 2 六歩，後手 8 四歩」などと記す(図 2.1)．このように平面上の位置をあらわすには，基準になる位置と方向を決めて「2 つ」の数を指定すればよい．この数「2」は，運動が 2 次元すなわち平面運動であることを意味している．

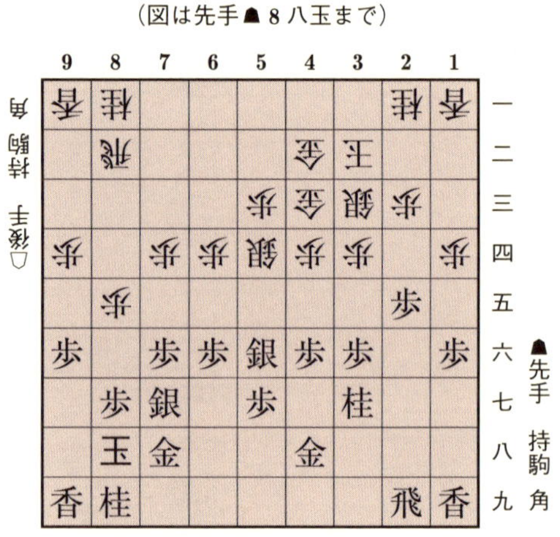

(図は先手 ▲ 8 八玉まで)

図 2.1 将棋盤．7 九にいた先手の玉が 8 八に移動したところ

(b) 直 角 座 標

グラフ用紙のように，原点と座標軸を決めて縦横の交点によって位置を指定する場合を直角座標あるいはデカルト座標という．このとき慣例により，原点

から右方への軸を x 軸, 上方への軸を y 軸とよぶ.

すると物体の位置は実数の組 (x, y) によって指定される. 軸の名前 x, y と物体の位置をあらわす (x, y) に同じ記号を使うのはたいへんまぎらわしく, 誤解のもとになりかねないのであるが, 物理における習慣によってこうする. もちろん別の記号, 例えば (X, Y) を使ってもよいが, これはこれで面倒である. 慣れれば気にならなくなるので, あまり神経質になる必要はない.

2.2 ベクトル入門

(a) ベクトル

大きさと向きを持った量をベクトルという. 身近な例では, 風力と風向きはベクトルとして記述される. ベクトルは, 図 2.2 のような矢印であらわされ, 式では太字 $\boldsymbol{a}$ などであらわす.

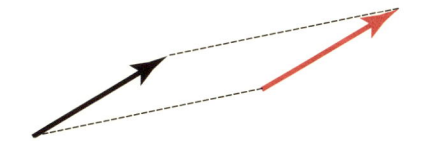

図 2.2 ベクトルは矢印であらわせる. 黒い矢印と赤い矢印は平行移動でぴったり重なるので同じベクトルである

注意すべきは

平行移動によって互いにぴったり重なる 2 つの矢印は同じベクトルとみなす

という点である. このように平行移動によって始点の位置を自由に変えてよいという性質から, これを自由ベクトルとよぶこともある. ベクトルの大きさとは矢印の長さのことをいい, 向きとは始点から終点への方向をいう. ベクトルには「実数倍」という操作 $\lambda \boldsymbol{a}$ ができて, その数 λ (ラムダ) が正のときは同じ向きに, 負のときは逆向きに, 長さを λ 倍する (図 2.3 左). また 2 つのベクトルには「和 (足し算)」という操作 $\boldsymbol{a} + \boldsymbol{b}$ ができて, 結果は図 2.3 右のような平行四辺形の作図で得られるベクトルになる. ベクトルの「差 (引き算)」

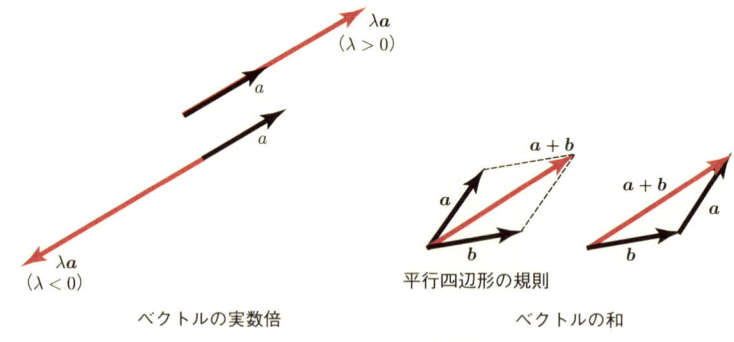

図 2.3 ベクトルの定数倍と和

は -1 倍して向きを逆転したベクトルとの間で足し算をやると思えばよい：$\boldsymbol{a}-\boldsymbol{b}=\boldsymbol{a}+(-\boldsymbol{b})$．作図的には1つのベクトルの終点にもう1つのベクトルの始点を重ねて，前者の始点から後者の終点へ矢印を引けば，ベクトルの和が得られる．

(b) 位置ベクトル

先に述べた平面上の位置をあらわす実数の組 (x,y) はベクトルの代表例であり，記号

$$\boldsymbol{r} = (x, y) \tag{2.1}$$

であらわし，とくに位置ベクトルという．位置ベクトルも太字であらわす．位置ベクトルのように始点（いまの場合は原点）を固定することに意味があるようなベクトルを，自由ベクトルと区別して束縛ベクトルとよぶこともある．

位置ベクトルを矢印であらわすには，図 2.4 のように原点 O を始点に点 P を終点に矢印を引けばよい．そこでこれらの点を指定する文字に矢印を付けて $\overrightarrow{\mathrm{OP}}$ とあらわすこともある．位置ベクトルもベクトルなので，自由に平行移動してよいのであるが，始点を原点に固定しておいたほうが，終点 P の位置を指定していることがよくわかって便利なのである．

前項でベクトルには「定数倍と和」という操作があることを矢印の作図 (図

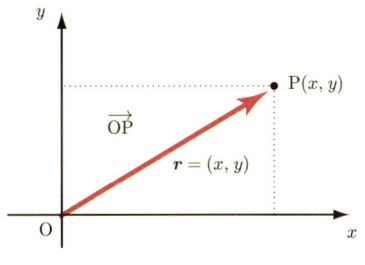

図 **2.4** 位置ベクトル

2.3)で説明した．同じことを式を使って説明しておこう．

ベクトルは大きさと向きをもつ．位置ベクトル $\bm{r}=(x,y)$ の大きさは，3平方の定理（ピタゴラスの定理）から

$$|\bm{r}| = \sqrt{x^2 + y^2} \tag{2.2}$$

で与えられる．ベクトル $\bm{r}=(x,y)$ の括弧の中のそれぞれを，ベクトル $\bm{r}$ の x 成分，y 成分とよぶこともある．

位置ベクトルも実数倍することができる．図 2.5 には $2\bm{r}$ と $-\bm{r}$ を示した．ベクトルを2倍すればその大きさ（長さ）も2倍される．またベクトルの負の数倍はその向きが逆になるのである．以上を式で書けば，実数を λ として

$$\lambda \bm{r} = (\lambda x, \lambda y) \tag{2.3}$$

となる．

また位置ベクトルにも和が定義され，2つのベクトルの和はまたベクトルと

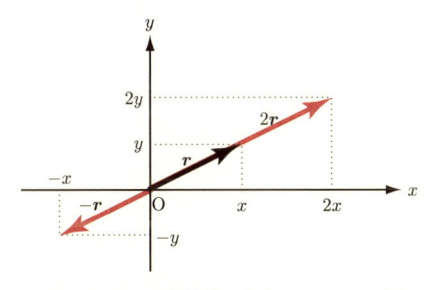

図 **2.5** 位置ベクトルの実数倍．もとのベクトルを黒で示した

なる.

$$r_1 + r_2 = r, \qquad (x_1, y_1) + (x_2, y_2) = (x_1+x_2, y_1+y_2) \qquad (2.4)$$

この和を図形的にあらわせば,図 2.3 のような「平行四辺形の規則」に対応していることがわかる.

> **ここに注意** 概念的には,2 つのベクトルの間にある「+」と成分ごとの和の「+」とは別物であることに注意しなければならない.後者は普通の「数の足し算」であり,上式は「ベクトルどうしの足し算」を数の足し算を使って「定義している」ことになる.記号の節約のために,同じ記号「+」を使っているのである.数学ではこのような簡略化がよく使われるので(一度は)気を付けなければならない.ベクトルの大きさをあらわすのに,絶対値記号 $|r|$ を使ったのも同様な簡略化なのである.

> **余談** ベクトル $\mathbf{0}=(0,0)$ は大きさがゼロなので,とくにゼロ・ベクトルとよばれる.ゼロ・ベクトルは,うるさくいえば太字にすべきかもしれないが,単に 0 と書いてもよい.また任意のベクトル r に対しては,それがゼロ・ベクトルでないかぎり,$r/|r|$ によって r と同じ向きで大きさが 1 のベクトルがつくられる.このようなベクトルを r 方向の単位ベクトルという.余談であるが,ある答案で $\dfrac{r}{r}$ という式を見て驚いたことがある.本人は $\dfrac{r}{r}$ つまり r 方向の単位ベクトルのつもりだったらしい.

とくに x 軸, y 軸方向の単位ベクトルを記号 $\boldsymbol{i}=(1,0)$, $\boldsymbol{j}=(0,1)$ であらわせば,

$$r = x\boldsymbol{i} + y\boldsymbol{j} \qquad (2.5)$$

と書くこともできる.実際,上述のベクトルの和と実数倍を使えば,$r = x(1,0) + y(0,1) = (x,0) + (0,y) = (x,y)$ となるからである.このとき $\boldsymbol{i}, \boldsymbol{j}$ を基底ベクトルともいう.

位置ベクトル以外にも，物理にはベクトルであらわされる量がたくさんある．例えば，速度はベクトル量であるし，本書「力学」の主題でもある「力」もベクトル量である．また，電磁気学に登場する電場とか磁場などもベクトル量である．

ここでは導入のため，2成分のベクトルを使ってベクトルの諸性質を説明してきたが，速度や力のベクトルは一般に3成分のベクトルである．これはわれわれの空間が3次元であるからだが，本節で述べるベクトルの諸性質は，これら3成分(3次元)ベクトルに対しても成立することはいうまでもない．多成分の場合への拡張はほとんど明らかであろう．

(c) ベクトルの内積

最後に，2つのベクトルの間の内積(inner product)を定義しよう．

> **ベクトルの内積**
> $r_1=(x_1, y_1)$, $r_2=(x_2, y_2)$ とするとき，次の実数をベクトルの内積とよび，$r_1 \cdot r_2$ と書く．
> $$r_1 \cdot r_2 = x_1 x_2 + y_1 y_2 \tag{2.6}$$

これを (r_1, r_2) とあらわす本もあるが，まぎらわしいので本書では使わない．

のちほど示す(39ページ)ことであるが，2つのベクトルの内積はそれぞれのベクトルの大きさに，なす角度のコサインをかけたものに等しいので

$$r_1 \cdot r_2 = |r_1||r_2|\cos\theta \tag{2.7}$$

とあらわすこともできる．これは $|r_1|$ に $|r_2|\cos\theta$ すなわち r_2 の r_1 方向への射影をかけたものと解釈してもよい(図2.6)．とくに

2つのベクトルが直交するときは内積がゼロになる

ことは重要な性質である．

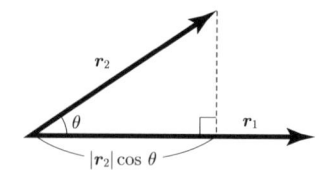

図 2.6 ベクトル r_1 と r_2 の内積は，$|r_1|$ に r_2 の r_1 方向の射影 $|r_2|\cos\theta$ をかけたもの

ベクトルの和と内積の間には

$$a\cdot(b+c) = a\cdot b + a\cdot c \tag{2.8}$$

のような分配法則が成立している．間にある「・記号」さえ忘れなければふつうの数の計算と同じようにやってよいのである．

2つのベクトルから内積によって「数」が得られるので，内積のことをスカラー積(scalar product)とよぶことがある．物理では数であらわされる質量や電荷のような物理量をスカラー量とよぶのでこの名がある．とりあえずは単純に数であらわされる量をスカラー，いくつかの成分の組であらわされる量をベクトルと思っておけば充分である．

さきほど述べたベクトルの大きさ $|r|$ は，内積を用いて

$$|r|^2 = r\cdot r \tag{2.9}$$

とあらわされることを確かめてみよ．ついでに書いておくと，同じベクトルどうしの内積に限っては，簡単のために $r\cdot r$ の代りに r^2 と書くこともあるので覚えておいてほしい．またベクトル r の大きさは r (太字ではない)であらわすのが普通なので

$$|r|^2 = r\cdot r = r^2 = r^2 \tag{2.10}$$

の4つの表式はすべて同じ量 x^2+y^2 をあらわしていることになる．

簡単なベクトル計算の練習をしておこう．

例題 2.1 2つのベクトル a, b を

$$a = (1, 1), \qquad b = (2, -1)$$

とするとき，$a+b$, $a-b$, $a\cdot b$, $|a|$, $|b|$ を計算せよ．

解答 それぞれ $a+b=(3,0)$, $a-b=(-1,2)$, $a\cdot b=1$, $|a|=\sqrt{2}$, $|b|=\sqrt{5}$ となる．手間を惜しまず，実際に確かめてみてほしい．教科書や問題集などで，このような計算練習をサボらずにやることが，回り道のようでじつは理解への近道なのである．

2.3　三角関数の復習

(a) 2次元極座標

2次元平面のベクトル r をあらわすのに，直角座標 x, y と同じ程度によく使われるのが，極座標 r, ϕ である．ここで r はベクトル r の大きさで，ϕ (ファイ) は x 軸からの角度 (偏角という) をあらわす．

図 2.7 からわかるように

$$x = r\cos\phi, \quad y = r\sin\phi \quad \Leftrightarrow \quad r = \sqrt{x^2 + y^2}, \quad \tan\phi = \frac{y}{x} \quad (2.11)$$

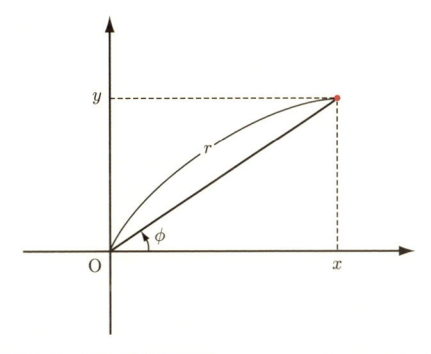

図 **2.7**　2次元の極座標，$x=r\cos\phi$, $y=r\sin\phi$

の関係が成り立つ．記号 ⇔ は，左から右が，また右から左が導かれること，すなわち両者は等価であること，を意味する．座標 x, y は 2 変数 r, ϕ の関数として左のようにあらわされ，逆に極座標 r, ϕ は x, y の関数として右のようにあらわされるというわけである．

ここで三角関数について簡単に整理しておこう．

まずは角度の表記法について．中学，高校ではもっぱら直角を 90° とし，ぐるっと一周を 360° とする表記法を教わるのであるが，今後は計算の際に次の弧度法（ラジアン）を使うようにしてほしい．弧度法というのは，角度を円弧の長さと半径との比であらわすもので，ユークリッド幾何の相似則にもとづく方法である．これによれば，一周は 2π となり，直角は $\pi/2$ となる．ここで $\pi=3.141592\cdots$ は円周率である．したがって，度であらわした角度 $\varPhi$ とラジアン ϕ との関係は

$$\phi = 2\pi \cdot \frac{\varPhi}{360°} \quad \Leftrightarrow \quad \varPhi = 360° \cdot \frac{\phi}{2\pi} \tag{2.12}$$

によって換算できる．例えば 30°=$\pi/6$，45°=$\pi/4$，60°=$\pi/3$，正五角形の一辺の内角 72°=$2\pi/5$ などとなっている．

さて，角度 ϕ の三角関数 $\cos\phi$（コサインファイ）と $\sin\phi$（サインファイ）は，図 2.7 の

$$\cos\phi = \frac{x}{r}, \quad \sin\phi = \frac{y}{r} \quad (r = \sqrt{x^2+y^2}) \tag{2.13}$$

で定義される．ベクトルが第 1 象限 ($0 \leqq \phi \leqq \frac{\pi}{2}$) にあるときは，$\cos\phi$, $\sin\phi$ ともに 0 と 1 の間の数である ($\cos 0=1$, $\sin 0=0$, $\cos\frac{\pi}{2}=0$, $\sin\frac{\pi}{2}=1$)．また図からわかるように

$$\cos\left(\frac{\pi}{2}-\phi\right) = \sin\phi, \quad \sin\left(\frac{\pi}{2}-\phi\right) = \cos\phi \tag{2.14}$$

である．ベクトルが他の象限にあるときも，上記の表式 (2.13) によって三角関数を定義する．そこで，$\cos\phi$ は第 2・第 3 象限で負になり ($x<0$ なので)，$\sin\phi$ は第 3・第 4 象限で負となる ($y<0$ なので)．以上から三角関数のグラフ

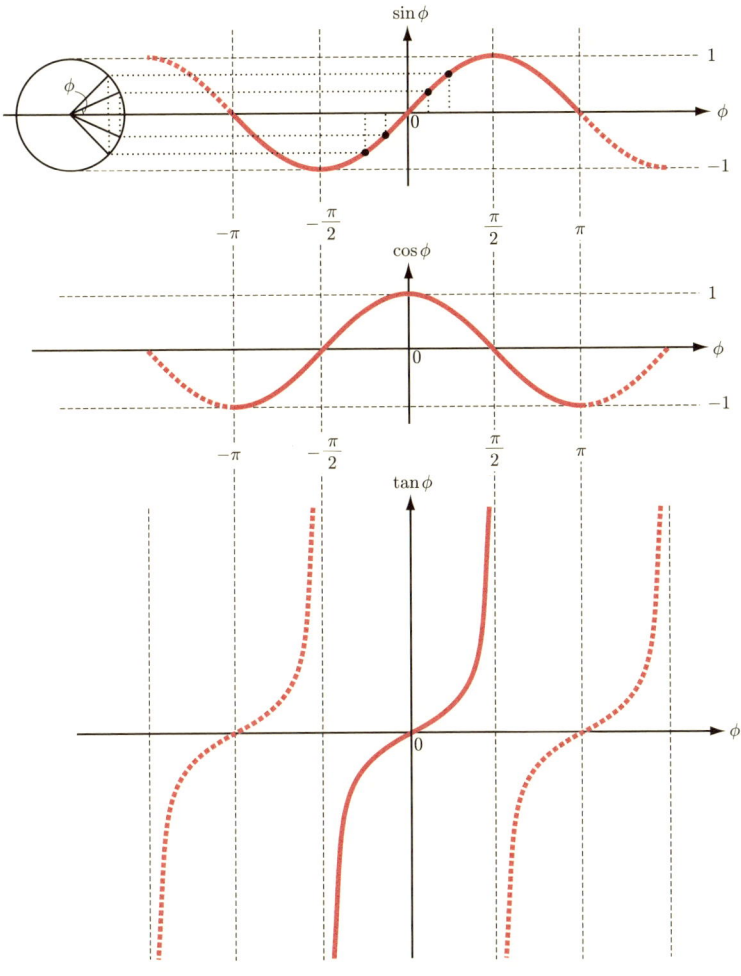

図 2.8 三角関数のグラフ．$\sin\phi$ のグラフは左上の単位円(半径 1 の円)の円周上の点の垂直方向の位置を角度 ϕ に従って書いたものになっている

は図 2.8 のようになる．ここで $\phi<-\pi$，$\phi>\pi$ のときの $\sin\phi$，$\cos\phi$ の関数値は，$-\pi\leqq\phi\leqq\pi$ の繰り返し，すなわち周期 2π の周期関数とするのである．

参考までに述べておくと，$\sin\phi$ は正弦関数，$\cos\phi$ は余弦関数といい，その比を正接関数とよび $\tan\phi$（タンジェントファイ）と書く．

第 2 章　平面の運動——ベクトル

$$\tan\phi = \frac{\sin\phi}{\cos\phi} \tag{2.15}$$

$\tan\phi$ のグラフは図 2.8 下になり，周期 π をもつ．

以上のように，三角関数は角度が鋭角の場合は，いずれも直角三角形の辺の比であらわされる．中学のときに教わった覚え方を紹介すると，図 2.9 のようにアルファベットの頭文字 s, c, t を筆記体で書いていくというものであった．みなさんはどのように覚えているのであろうか．

$$\sin\phi = \frac{y}{r} \qquad \cos\phi = \frac{x}{r} \qquad \tan\phi = \frac{y}{x}$$

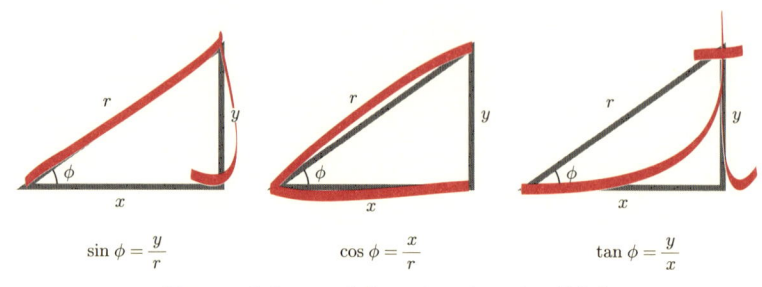

図 **2.9**　サイン・コサイン・タンジェントの覚え方

(b) 三角関数の諸性質

三角関数の性質で，もっとも重要で役に立つものは，なんといっても

$$\cos^2\phi + \sin^2\phi = 1 \tag{2.16}$$

であろう．これが任意の ϕ に対して成り立つのであるが，実際

$$\cos^2\phi + \sin^2\phi = \left(\frac{x}{r}\right)^2 + \left(\frac{y}{r}\right)^2 = \frac{x^2+y^2}{r^2} = 1$$

のように，この等式は結局のところ直角三角形の三平方の定理（ピタゴラスの定理）の焼き直しにほかならない．

つぎに重要なのは，三角関数の加法公式である．これらを導いておこう．まずは準備として，つぎの定理を示す．

例題 2.2 第 2 余弦定理

図 2.10 のような三角形 ABC において，$\angle \mathrm{ACB} = \theta$ とすると

$$c^2 = a^2 + b^2 - 2ab\cos\theta \tag{2.17}$$

が成り立つ.

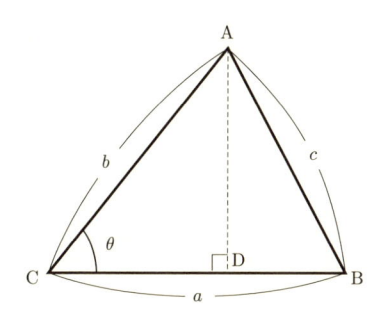

図 **2.10** 第 2 余弦定理. $c^2 = a^2 + b^2 - 2ab\cos\theta$

解答 点 A から辺 BC へ垂線を下ろした足を点 D とする．すると三角形 ABD は直角三角形であるから，ピタゴラスの定理

$$\mathrm{AB}^2 = \mathrm{AD}^2 + \mathrm{BD}^2$$

が成り立つ．AB$=c$, AD$=b\sin\theta$, BD$=|a-b\cos\theta|$ を代入すると

$$c^2 = (a - b\cos\theta)^2 + (b\sin\theta)^2$$
$$= a^2 + b^2 - 2ab\cos\theta$$

よって，証明された．

以上の準備のもとで，三角関数の加法公式が以下のように示される．2 つのベクトル $\boldsymbol{r}_1 = (x_1, y_1)$, $\boldsymbol{r}_2 = (x_2, y_2)$ を，動径と偏角であらわして（図 2.11 を参照）

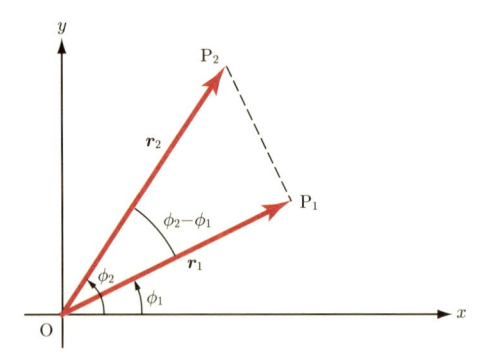

図 **2.11** ベクトルの極座標表示

$$\boldsymbol{r}_1 = (x_1, y_1) = (r_1 \cos \phi_1, r_1 \sin \phi_1), \quad r_1 = \sqrt{x_1{}^2 + y_1{}^2} \qquad (2.18)$$

$$\boldsymbol{r}_2 = (x_2, y_2) = (r_2 \cos \phi_2, r_2 \sin \phi_2), \quad r_2 = \sqrt{x_2{}^2 + y_2{}^2} \qquad (2.19)$$

とする．

そして，三角形 $\mathrm{OP}_1\mathrm{P}_2$ に対して第 2 余弦定理を適用する．

$$|\boldsymbol{r}_1 - \boldsymbol{r}_2|^2 = |\boldsymbol{r}_1|^2 + |\boldsymbol{r}_2|^2 - 2|\boldsymbol{r}_1||\boldsymbol{r}_2| \cos \theta \qquad (2.20)$$

ここで，$\theta = \phi_2 - \phi_1$，$|\boldsymbol{r}_1| = r_1$，$|\boldsymbol{r}_2| = r_2$ である．また，$|\boldsymbol{r}_1 - \boldsymbol{r}_2|^2$ は

$$\begin{aligned}\boldsymbol{r}_1 - \boldsymbol{r}_2 &= (x_1 - x_2, y_1 - y_2) \\ &= (r_1 \cos \phi_1 - r_2 \cos \phi_2,\ r_1 \sin \phi_1 - r_2 \sin \phi_2)\end{aligned}$$

から計算する．すると，余弦定理は

$$\begin{aligned}&(r_1 \cos \phi_1 - r_2 \cos \phi_2)^2 + (r_1 \sin \phi_1 - r_2 \sin \phi_2)^2 \\ &= r_1{}^2 + r_2{}^2 - 2r_1 r_2 \cos (\phi_2 - \phi_1)\end{aligned}$$

と書かれる．左辺を展開して整理すると，r_1, r_2 は約分されて，三角関数の間の関係式

$$\cos (\phi_2 - \phi_1) = \cos \phi_2 \cos \phi_1 + \sin \phi_2 \sin \phi_1 \qquad (2.21)$$

を得る．これがコサインの減法公式である．

$\phi_1 \to -\phi_1$ の置き換えと，性質 $\cos(-\phi_1) = \cos\phi_1$, $\sin(-\phi_1) = -\sin\phi_1$ を使えば，

$$\cos(\phi_2 + \phi_1) = \cos\phi_2 \cos\phi_1 - \sin\phi_2 \sin\phi_1 \tag{2.22}$$

を得る．これがコサインの加法公式である．

さらに，$\phi_1 \to \pi/2 - \phi_1$ の置き換えと，性質

$$\sin\left(\frac{\pi}{2} - \phi_1\right) = \cos\phi_1, \quad \cos\left(\frac{\pi}{2} - \phi_1\right) = \sin\phi_1 \tag{2.23}$$

を使えば，サインの加法公式と減法公式

$$\sin(\phi_2 + \phi_1) = \sin\phi_2 \cos\phi_1 + \cos\phi_2 \sin\phi_1 \tag{2.24}$$

$$\sin(\phi_2 - \phi_1) = \sin\phi_2 \cos\phi_1 - \cos\phi_2 \sin\phi_1 \tag{2.25}$$

がそれぞれ得られる．

余弦定理(2.20)の左辺を，ベクトルの内積を使ってあらわせば，

$$\begin{aligned}|\boldsymbol{r}_1 - \boldsymbol{r}_2|^2 &= (\boldsymbol{r}_1 - \boldsymbol{r}_2) \cdot (\boldsymbol{r}_1 - \boldsymbol{r}_2) \\ &= |\boldsymbol{r}_1|^2 + |\boldsymbol{r}_2|^2 - 2\boldsymbol{r}_1 \cdot \boldsymbol{r}_2\end{aligned} \tag{2.26}$$

であるから，右辺と比べて整理すれば

$$\boldsymbol{r}_1 \cdot \boldsymbol{r}_2 = |\boldsymbol{r}_1||\boldsymbol{r}_2|\cos\theta \tag{2.27}$$

を得る．すなわち

> 2つのベクトルの内積は，それぞれのベクトルの大きさにベクトルのなす角のコサインをかけたものに等しい

ことが示された．

ベクトルの内積は成分を使って定義したが，「2つのベクトルの大きさに，間の角のコサインをかけたもの」という幾何学的意味ももつのである．この

性質は既出(式(2.7))であるが，上記の計算はこれの証明とみることもできる．物理で内積が登場する場合には，この幾何学的定義のほうが便利なことが多い．

加法公式で ϕ_1 を特定の値にすれば，公式

$$\sin\left(\frac{\pi}{2}\pm\phi\right)=\cos\phi,\quad \cos\left(\frac{\pi}{2}\pm\phi\right)=\mp\sin\phi \qquad(2.28)$$

$$\sin(\pi\pm\phi)=\mp\sin\phi,\quad \cos(\pi\pm\phi)=-\cos\phi \qquad(2.29)$$

が示される(複号は同順)．これらは符号のつき方がややこしいけれども，ϕ を鋭角としてそれぞれの象限での sin, cos の正負を考えれば理解しやすい．

高校数学の復習として，三角関数の倍角公式と半角公式を以下にあげておこう．これらが上述の加法公式から導かれることを確かめておいてほしい．

$$\sin(2\phi)=2\sin\phi\cos\phi,\quad \cos(2\phi)=\cos^2\phi-\sin^2\phi \qquad(2.30)$$

$$\sin^2\left(\frac{\phi}{2}\right)=\frac{1-\cos\phi}{2},\quad \cos^2\left(\frac{\phi}{2}\right)=\frac{1+\cos\phi}{2} \qquad(2.31)$$

2.4 平面の運動

第1章にならって，簡単な平面運動をいくつかみていこう．平面上の運動は位置ベクトル $\boldsymbol{r}(t)$ を時間 t の関数として指定することによって記述される．$\boldsymbol{r}(t)=(x(t),y(t))$ と成分であらわせば，それぞれは第1章の議論と同じである．けれども，それではわざわざベクトルを導入したメリットがあまりない．以下ではベクトル記法を使う便利さを楽しんでほしい．

(a) 等速直線運動

まずは，ある方向に一定の速さで運動する場合から．初期位置を $\boldsymbol{r}_0$，一定の速度ベクトルを $\boldsymbol{v}_0$ とすると

$$\boldsymbol{r}(t)=\boldsymbol{r}_0+t\boldsymbol{v}_0 \qquad(2.32)$$

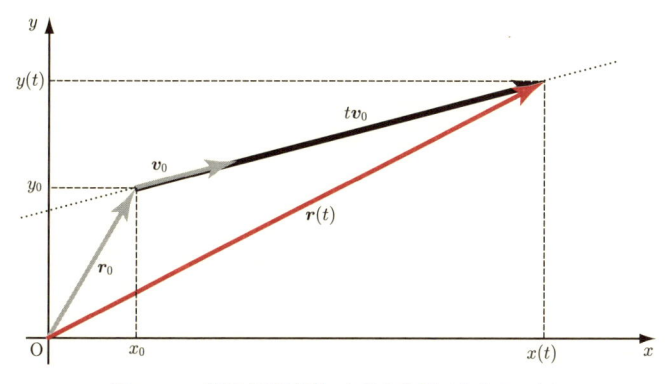

図 **2.12** 等速直線運動における位置ベクトル $r(t)$

となる．位置が時々刻々移動していく様子が，図 2.12 から読み取れるであろう．これを成分であらわせば，$\boldsymbol{r}_0=(x_0, y_0)$，$\boldsymbol{v}_0=(v_{x0}, v_{y0})$ として

$$x(t) = x_0 + v_{x0}t, \quad y(t) = y_0 + v_{y0}t \tag{2.33}$$

となる．

ベクトルの微分も関数の場合と同様に

$$\frac{\mathrm{d}}{\mathrm{d}t}\boldsymbol{r}(t) = \lim_{h \to 0} \frac{\boldsymbol{r}(t+h) - \boldsymbol{r}(t)}{h} \tag{2.34}$$

によって定義される．成分に直せば関数の微分に帰着するのであるが，図 2.13 からベクトルの微分のイメージがつかめるであろうか．式を見たときに，頭の中に図がイメージできるようになれば，楽しくなるはずである．

明らかに，定ベクトル $\boldsymbol{c}$ の微分はゼロ・ベクトルとなる．

$$\frac{\mathrm{d}}{\mathrm{d}t}\boldsymbol{c} = 0 \tag{2.35}$$

右辺のゼロはベクトルなので，うるさくいえば太字で **0** と書くべきであろうが，面倒なので本書ではいちいち太くしないことは以前にも書いた．

今の場合，式(2.32)を微分して速度ベクトルは

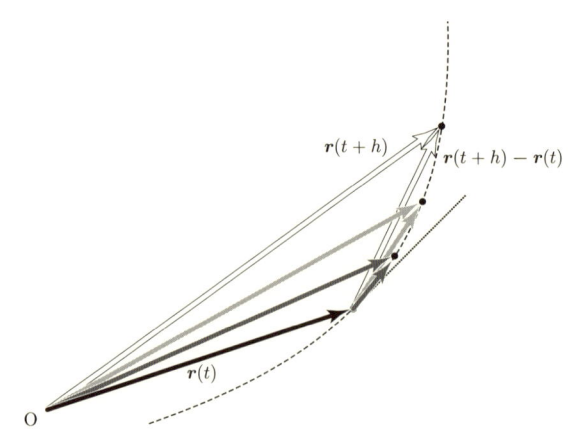

図 2.13　ベクトルの微分のつくり方．$h \to 0$ とすると $r(t+h) - r(t)$ もゼロ・ベクトルになるが，$(r(t+h) - r(t))/h$ は有限の長さのベクトル dr/dt になる

$$v(t) = \frac{d}{dt} r(t) = v_0 \tag{2.36}$$

と計算され，初速度に一致している．これが等速直線運動の特徴である．等速直線運動(等速度運動)では，加速度ベクトルはゼロ・ベクトルである．

$$a(t) = \frac{dv}{dt} = 0 \tag{2.37}$$

なぜなら，定数ベクトルの微分はゼロ・ベクトルとなるからである．

よって速度ベクトルの大きさは初速度と同じ $v_0 = \sqrt{v_{x0}^2 + v_{y0}^2}$ で与えられる．逆に初速度 v_0 の方向を偏角 ϕ であらわせば，各成分は

$$v_{x0} = v_0 \cos\phi, \quad v_{y0} = v_0 \sin\phi \tag{2.38}$$

となる．

(b) 軌　道

軌道，あるいは運動の軌跡というのは，ちょうど飛行機雲のように，運動による位置の変化をたどったものをいう．式のうえからは，

運動の式から時間変数 t を消去すれば軌道の式が得られる.

今の場合の軌道の式は,式(2.33), (2.38)から

$$y - y_0 = m(x - x_0) \qquad (m = \tan\phi) \tag{2.39}$$

という直線となる.これは,初期位置 (x_0, y_0) を通り,速度ベクトルの方向を向いた直線である.いまは等速直線運動であったから,速度ベクトルは定ベクトルとなったが,一般には速度は軌道の接線方向を向いたベクトルとなって,時々刻々変化するものとなる.

(c) 放物線運動

x 方向には等速度運動,y 方向には等加速度運動という場合を考えてみよう.このときの位置は,

$$x(t) = v_0 t, \quad y(t) = \frac{1}{2}a_0 t^2 \quad \Leftrightarrow \quad \boldsymbol{r}(t) = \left(v_0 t, \frac{1}{2}a_0 t^2\right) \tag{2.40}$$

とあらわされる.それぞれは第1章でも扱った「等速度運動」と「等加速度運動」の式である.

時間 t を消去すれば,軌道の式は

$$y = \frac{1}{2}a_0\left(\frac{x}{v_0}\right)^2 = \frac{a_0}{2v_0{}^2}x^2 \tag{2.41}$$

という2次関数(放物線)となる.

式(2.40)をベクトル形式であらわせば $\boldsymbol{v}_0 = (v_0, 0)$,$\boldsymbol{a}_0 = (0, a_0)$ として

$$\boldsymbol{r}(t) = \boldsymbol{v}_0 t + \frac{1}{2}\boldsymbol{a}_0 t^2 \tag{2.42}$$

となる.

今の場合にも,ベクトル記法のもとでの微分計算は自由におこなえる.実際このときの速度の式は,成分ごとに微分を実行して

であるから，ベクトル記法に戻して

$$\boldsymbol{v}(t) = (v_0, a_0 t) = \boldsymbol{v}_0 + \boldsymbol{a}_0 t \tag{2.44}$$

となる．一方で，$\boldsymbol{r}(t)$ を時間 t に関して直接微分しても同じものが得られる．

$$\boldsymbol{v}(t) = \frac{\mathrm{d}}{\mathrm{d}t}\boldsymbol{r}(t) = \frac{\mathrm{d}}{\mathrm{d}t}\left(\boldsymbol{v}_0 t + \frac{1}{2}\boldsymbol{a}_0 t^2\right) = \boldsymbol{v}_0 + \boldsymbol{a}_0 t \tag{2.45}$$

定ベクトル係数は，普通の定数係数の場合と同様に，微分する際に外に出してよいことに注意してほしい．

放物線運動は等加速度運動の例のひとつで，

$$\boldsymbol{a}(t) = \frac{\mathrm{d}\boldsymbol{v}}{\mathrm{d}t} = \boldsymbol{a}_0 \tag{2.46}$$

のように，加速度ベクトルは定数ベクトルとなっている．

ここに注意 放物線運動の場合によく混同されることをひとつ注意しておく．縦軸に変数 y を選び，横軸に変数 x を選んだ軌道のグラフ $y=\dfrac{a_0}{2v_0{}^2}x^2$ は放物線である．一方で，横軸に時間変数 t を選んだときの変数 y の時間変化のグラフ $y=\dfrac{1}{2}a_0 t^2$ も放物線である．数学的にはどちらも「放物線 (parabola)」ではあるが，両者の物理的意味は全然違うので気をつけねばならない．こういったこともあるのでグラフの縦軸・横軸を確認することは重要なのである．

例題 2.3 飛行機が高さ h の上空を一定の速さ v_0 で水平飛行している．いまこの飛行機から援助物資を τ 秒間隔で次々と投下する場合を考えよう．ただし，援助物資は機から静かに分離するので，地上から見た場合の初速度 $\boldsymbol{v}_0$ は水平方向を向き $\boldsymbol{v}_0=(v_0,0)$ とする．以下の問に答えよ．

(1) 任意の時刻 t において，投下された援助物資群を地上から見ると，すべてひとつの鉛直線上に並ぶことを示せ．

(2) 援助物資は一定間隔で地上に落下することを示し，その間隔を求めよ．

解答 第 n 番目の援助物資の位置ベクトルを $\boldsymbol{r}_n(t)=(x_n(t), y_n(t))$ とする．すべての援助物資は水平方向に同じ速さ v_0 で運動するから

$$x_n(t) = v_0 n\tau + v_0(t - n\tau) = v_0 t$$

と書ける（ここで t は援助物資が空中にある間のみとする）．ただし $t=0$ は最初 ($n=0$) の援助物資が機を離れる時刻に選んだ．水平座標が n によらないことから (1) が言える．

一方で，n 番目の援助物資の鉛直方向の位置（高さ）は，重力加速度を g として

$$y_n(t) = h - \frac{g}{2}(t - n\tau)^2 \qquad (t \geqq n\tau)$$

とあらわされる．$t=n\tau$ に出発する自由落下運動だからである．よって，地上に到達する時刻は $y_n(t)=0$ から

$$t = n\tau + \sqrt{\frac{2h}{g}}$$

である．よって，そのときの x 座標は

$$x_n = v_0\left(n\tau + \sqrt{\frac{2h}{g}}\right)$$

で与えられる．したがって，落下地点の間隔は

$$x_{n+1} - x_n = v_0 \tau$$

で一定である．

(d) 円 運 動

こんどは原点を中心にした半径 r_0 の円運動

$$x(t) = r_0 \cos(\omega t), \quad y(t) = r_0 \sin(\omega t),$$
$$\Longleftrightarrow \quad \boldsymbol{r}(t) = (r_0 \cos(\omega t), r_0 \sin(\omega t)) \tag{2.47}$$

を考えよう．ω（オメガ）は角速度（あるいは角振動数）とよばれる量で，単位時間あたりに何ラジアン回転するかをあらわす．これから時間 t を消去すれば，軌道の式として $x^2+y^2=r_0{}^2$ という円の方程式が得られる．偏角 $\phi=\omega t$ が時間に比例して増加することから，反時計周りの一様な円運動になっていることが読み取れるだろうか．ちょうど1周するのに要する時間 T は，$\omega T=2\pi$ から

$$T = \frac{2\pi}{\omega} \tag{2.48}$$

とあらわされる．これを等速円運動の周期という．「等速」といっても，（ベクトルとしての）速度が一定というわけではなく，その大きさである「速さが一定」を意味している．

等速円運動の速度ベクトル $\boldsymbol{v}$ は時々刻々その向きを変えている．しかし，その大きさ v は一定で周期 T の間に1周 $2\pi r_0$ を移動するから，$vT=2\pi r_0$，すなわち

$$v = \frac{2\pi r_0}{T} = r_0\omega \tag{2.49}$$

で与えられる．速度ベクトルの向きは円の接線方向であるから，結局

$$\boldsymbol{v} = (-r_0\omega \sin(\omega t), r_0\omega \cos(\omega t)) \tag{2.50}$$

となることがわかる．時々刻々における速度ベクトルを図に描き込んでみれば円運動の様子が実感できるであろう（図 2.14）．

一方で，第4章で学ぶ「サイン，コサインの微分」をすでに知っている人は，式(2.47)から式(2.50)を導くこともできるであろう．速度ベクトル $\boldsymbol{v}$ の x

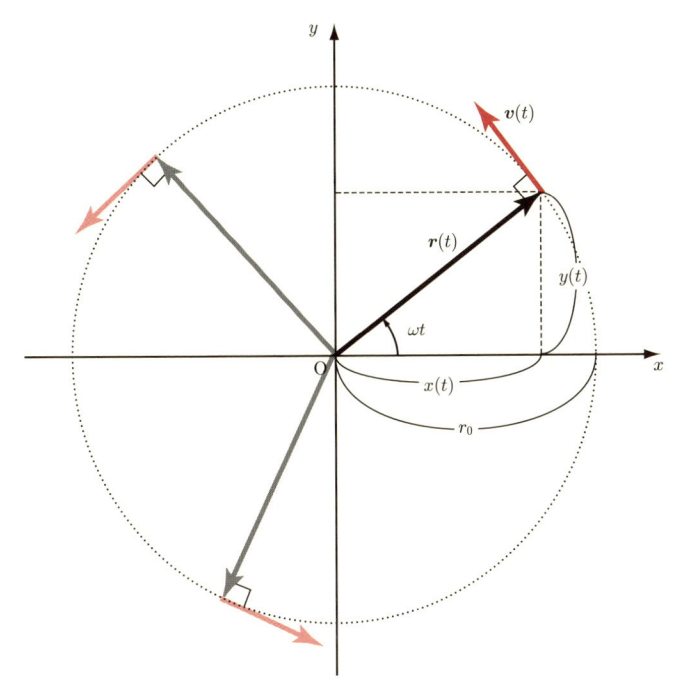

図 **2.14** 等速円運動の位置ベクトル $\boldsymbol{r}(t)$ と速度ベクトル $\boldsymbol{v}(t)$. $x(t), y(t)$ はそれぞれ $\boldsymbol{r}(t)$ の x 成分, y 成分

成分, y 成分を v_x, v_y とすると,

$$v_x = \frac{\mathrm{d}x}{\mathrm{d}t} = \frac{\mathrm{d}}{\mathrm{d}t} r_0 \cos(\omega t) = -r_0 \omega \sin(\omega t)$$

$$v_y = \frac{\mathrm{d}y}{\mathrm{d}t} = \frac{\mathrm{d}}{\mathrm{d}t} r_0 \sin(\omega t) = r_0 \omega \cos(\omega t)$$

となるからである.

第2章 平面の運動——ベクトル

第2章 問題

問題 2.1 ある物体の位置ベクトル $\boldsymbol{r}=(x,y)$ が

$$x = vt, \quad y = a\sin(\omega t) \quad (v, a, \omega \text{ は定数})$$

で与えられるとき，この物体はどんな軌道上を運動しているか．

問題 2.2 半径 r，角速度 ω の等速円運動は

$$\boldsymbol{r}(t) = (r\cos(\omega t), r\sin(\omega t)), \quad \boldsymbol{v}(t) = (-r\omega\sin(\omega t), r\omega\cos(\omega t))$$

のように(速度の大きさ $v=r\omega$)あらわされる．位置ベクトルと速度ベクトルは互いに直交($\boldsymbol{v}\cdot\boldsymbol{r}=0$)していることを確かめよ．これは速度ベクトルが円の接線方向を向いていることを意味する．

問題 2.3 シュワルツの不等式

$$\boldsymbol{a}\cdot\boldsymbol{b} \leqq |\boldsymbol{a}||\boldsymbol{b}|$$

を，次の t に関する 2 次式の正値性条件(判別式 $\leqq 0$)から導け．

$$f(t) = |\boldsymbol{a}t + \boldsymbol{b}|^2$$

問題 2.4 サイン・コサインの加法公式を用いて，タンジェントの加法公式

$$\tan(\phi_1 + \phi_2) = \frac{\tan\phi_1 + \tan\phi_2}{1 - \tan\phi_1\tan\phi_2}$$

を示せ．

問題 2.5 等速円運動に関する，問題 2.2 の結果 $\boldsymbol{v}\cdot\boldsymbol{r}=0$ の両辺を t で微分することによって

$$\boldsymbol{a}\cdot\boldsymbol{r} = -\boldsymbol{v}^2$$

が成り立つことを示せ．ここで，加速度ベクトル $\dfrac{\mathrm{d}^2\boldsymbol{r}}{\mathrm{d}t^2}=\boldsymbol{a}$ とした．これは，

加速度の動径方向成分 a_r が

$$a_r = -\frac{v^2}{r}$$

で与えられることを意味している．マイナス符号は，加速度が円の中心方向に向いていることをあらわす．

第3章
運動の法則
ニュートンの運動方程式

　力学とは「力と運動の関係についての理論」である．自然界には，重力や電磁気力などさまざまな力があり，それによって物体はいろいろな運動をする．力は，物体を支える・動かす・運動の向きを変えるなど，さまざまな運動の原因となるのである．

　与えられた力によって，物体はどのような運動をするのか？　また逆に，物体のある運動はどのような力によって引き起こされているのか？　こうした現象を記述し，これらの疑問に答えるのが力学の課題である．

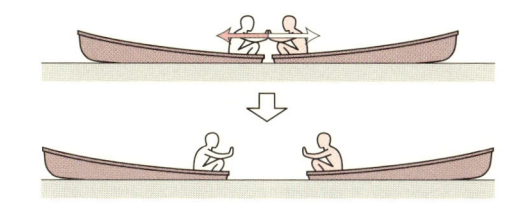

第3章 運動の法則——ニュートンの運動方程式

3.1 運動の法則

本章の主題である運動の法則は，ニュートンの主著『自然哲学の数学的諸原理』(プリンキピアと略称される)の冒頭に「法則1, 2, 3」として登場する．3つにまとめられる運動法則とはどんなものか？ それによって，物体の運動がどう記述されるのか？ これまで準備してきた「微分法とベクトル」が，そこでどう使われているのか？ 本章は本巻でもっとも大切な章であり，本シリーズひいては物理全体の基礎となる事項を学ぶところなので，しっかり理解してほしい．

> **余談** 『プリンキピア』は，ユークリッドの『幾何学原論』と比べられることがある．実際，プリンキピアの記述は「定義・法則・系・定理」などといった構成で書かれていて，これはニュートンが幾何学原論をお手本にしたためでもあるという．また，書かれている内容のすべてが著者のオリジナルというわけではなく，むしろ当時知られていた諸結果を集大成し体系化したものである点もよく似ている．
>
> そういう意味でニュートン以前のガリレイやホイヘンス，フックなどの寄与を忘れてはならないが，一方で彼らの得た成果をこのようにまとめ上げ，「力学」を完成させたニュートンの業績は偉大なものである．ニュートンは「私が人より遠くまで見ることができたのは，巨人達の肩の上に乗って見たからである」と書いている．

力学の基礎であるニュートンの運動の **3 法則**とは，以下のものをいう．

> **第1法則 慣性の法則**
> 静止または等速度運動をする物体は，外力によってその状態を変えられない限り，その状態を続ける．

これを式であらわせば

3.1 運動の法則

$$力 \quad \bm{f}=0 \quad \text{ならば} \quad 加速度 \quad \bm{a}=0 \tag{3.1}$$

となる．静止または等速度運動とは加速度 $\bm{a} = \dfrac{\mathrm{d}^2 \bm{r}}{\mathrm{d}t^2} = 0$ ということである．実際，この微分方程式の解は $\bm{r}(t) = \bm{r}_0 + \bm{v}_0 t$ で与えられる．ここで $\bm{r}_0$, $\bm{v}_0$ は，それぞれ初期位置，初速度である．

慣性の法則はガリレイによって初めて明確に述べられたもので，彼以前においては運動する物体には（たとえ等速度であっても）必ず力が加わっていると考えられていた．

> **第 2 法則　運動の法則**
> 　物体の加速度は外力に比例し，質量に反比例する．
> $$m\frac{\mathrm{d}^2 \bm{r}}{\mathrm{d}t^2} = \bm{f} \tag{3.2}$$
> これを特にニュートンの運動方程式という．

同じ質量なら，加える力を 2 倍すると加速度も 2 倍になる．また，加わる力が同じときは，質量が 2 倍なら加速度は半分になるというわけである．ここで特に注目すべき点は，運動する物体の属性が例えば木であるか鉄であるかなどにはよらず，ただその質量の大きさのみによること，また加わる力がどんな種類の力であるかにも無関係であるということである．これらは実験で検証することができる．

力の単位を N (ニュートン) という．質量の単位を kg (kilogram, キログラム)，長さの単位を m (meter, メートル)，時間の単位を s (second, 秒) とすれば，N=kg·m·s^{-2} の関係で結ばれていることが，上式 (3.2) からわかる．

ここに注意　第 2 法則について「これは力というものを，左辺の 質量×加速度 によって定義した式であって，法則とはいえない」という意見は，ときおり耳にする説である．これに対しては，重力であるとか，電磁気的な力とか，バネに働くフックの力など，この方程式にしたがって運動を

引き起こす各種の力が自然界にたしかに存在すること，そしてそれらがどのような種類の力であれ，共通して第2法則の主張する仕方で運動を引き起こすということのほうが，真に驚くべきことであると言わねばならない．その意味で，第2法則は力の「定義」であるとともに，どんな力に対してもこの形式で運動が生じるという，この世界の存在様式についての「法則」でもあると解釈すべきである．

第3法則　作用・反作用の法則

2つの物体が互いに及ぼしあう力は，大きさが等しく方向は反対である(図 3.1, 3.2)．

$$\boldsymbol{f}_{12} = -\boldsymbol{f}_{21} \tag{3.3}$$

ここで $\boldsymbol{f}_{12}$ とは物体1が2に及ぼす力，$\boldsymbol{f}_{21}$ はその逆をあらわす．

このようにベクトルを使えば「大きさが等しく方向が反対」を簡潔にあらわすことができる．

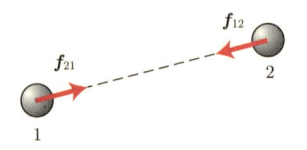

図 3.1　作用・反作用の法則

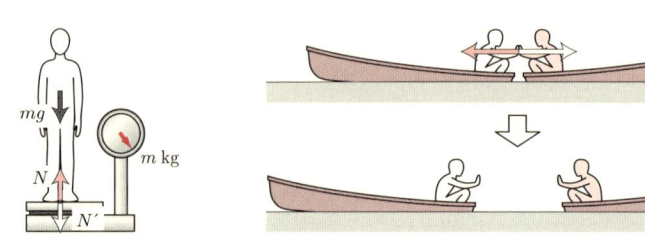

図 3.2　作用・反作用の例．(左)体重計は重力 mg と同じ大きさの力 N'(作用)を人から受け，逆向きの力 N(反作用)$=mg$ で人を押し返す．(右)相手を押したのと同じ力で押し返されるためボートは左右に離れる

> **コラム** 第 1 法則と第 2 法則の関係

「第 1 法則は第 2 法則から導かれることではないか？」という質問をよく受ける．たしかに式のうえからは，第 2 法則は第 1 法則を含んでいるようにみえる（$f=0$ ならば，加速度 $d^2r/dt^2=0$）．これに対して，「第 1 法則は，この法則が成り立つような座標系（これを**慣性系**という）の存在を主張しているのだ」とする反論がある．この問題について説明するのは少々やっかいなのであるが，力学法則さらには物理法則というものについての根幹にかかわることなので，ここで少し説明しておかねばならない．

まず座標系とは，物体の位置をあらわすために選んだ，原点と 3 つの方向および長さの単位のことをいう．この座標系の取り方を変更して，例えば

$$r'(t) = r(t) - R(t)$$

とする（座標の原点を R だけずらすのである）．例えば，電車の中から外を眺めている場合を想像してみよう．われわれの原点である電車は，実際には動いている．

これを運動方程式に代入すると

$$m\frac{d^2}{dt^2}(r' + R) = f \Rightarrow m\frac{d^2}{dt^2}r' = f - m\frac{d^2}{dt^2}R$$

となり，右辺第 2 項に「新たに生じた力であるかのように解釈できる」よぶんな項が付け加わる．けれども，位置を指定する枠組み（frame of reference＝座標系）の取り方は任意であるから，それによって力が生じたり消えたりするのは不自然であるように思える．しかしながらここで特別な状況があって，その座標系の変更が $d^2R/dt^2=0$ であるような変更（すなわちもとの座標系に対して等速度運動している座標系への変更）の場合には，右辺はもとの f に等しいままとなる．この場合には新しい座標系における力は $f'=f$ であって，余分な項は生じない．これを「ガリレイの相対性」という．すなわち，互いに等速度運動している 2 つの座標系においては，運動方程式は変わらない．

$$m\frac{d^2r}{dt^2} = f \iff m\frac{d^2r'}{dt^2} = f' = f$$

このことを特に原理として主張したものを，**ガリレイの相対性原理**という．

> 第1法則は，この原理を掲げたうえでさらに「力がなければ加速度なし」となっているような座標系すなわち慣性系が存在すると主張しているのである．ところでそれでは，実際にこのような慣性系はあるのだろうか？　このときに問題となるのは，「力が働いているかどうかの判定は，じつはたいへん難しい」ということである．例えば，地球上においては重力がつねにはたらいているが，鉛直方向については重力と垂直抗力とがつりあっているので，水平面内の運動に関する限りは，近似的に慣性系とみなしてよいと考えられる．しかしながら，実際には地球は自転という回転運動をしており，その結果「コリオリの力」というものが生じる(本シリーズ『力学II』第9章)．その存在は「フーコーの振り子」とか，台風の渦の巻き方とかに影響を及ぼし，眼にみえる効果となってあらわれている．
>
> 先ほど議論した座標系の平行移動によって「新たに生じた力であるかのように解釈できる」よぶな項や，上述の座標系の回転によって生じる「コリオリの力」などを，一般に**慣性力**とよぶ．最初の平行移動による慣性力は，例えば加速中の電車内やエレベータ内で体感できる力としておなじみのものである．これら「加速された座標系から運動をみる」問題については第9章において詳しく議論する．いずれにせよ，地球に固定された座標系は慣性系に近いけれども，厳密には慣性系ではないのである．それでは太陽系や銀河系に固定された座標系ではどうかというと，これも詳しい天体観測によって，われわれの銀河系は外部銀河系に対してゆっくりと運動していることがわかっている．
>
> というわけで，こういう状況下でわれわれの取り得る立場というのは，問題にする現象に応じて「近似的に慣性系とみなし得る座標系があるということで満足しよう」ということである．もしそれが慣性系でないならば，それによる効果がいずれ観測にかかるであろう．

最後に以上の3法則に加えて，有名なニュートンの重力の法則(通称「万有引力の法則」とよばれる)を挙げておく．ニュートンは「力と運動に関する3つの法則」を，特に重力の場合に適用して大きな成果を挙げたのである．

重力の法則（万有引力の法則）

距離 r だけ離れた質量 M, m を持つ 2 物体は，質量の積に比例し，距離の 2 乗に反比例する引力を及ぼしあう．その大きさは

$$f = G\frac{Mm}{r^2} \tag{3.4}$$

となる．比例係数 G をニュートンの万有引力定数といい，$G=6.7 \times 10^{-11} \mathrm{m^3 kg^{-1} s^{-2}}$ である．

ニュートンは太陽による重力のもとでの惑星の運動を，第 2 法則の運動方程式を解いて決定し，軌道が楕円になること（ケプラーの第 1 法則）などを示した．これについては本シリーズ『力学 II』第 8 章で学ぶ．歴史的には，重力が距離の 2 乗に反比例することはホイヘンス（C. Huygens, 1629-1695）やフック（R. Hooke, 1635-1703）によって気づかれていたようだが，ニュートンの進めた一歩は決定的なものであったといえる．

例題 3.1　以下の諸量を計算によって求めよ．
(1) 地上における重力加速度 $g_\text{地}$
(2) 月面上における重力加速度 $g_\text{月}$

ただし，地球と月の質量はそれぞれの中心（重心）に集めたものとし，以下の数値を使って計算せよ．

万有引力定数　$G = 6.7 \times 10^{-11}\ \mathrm{m^3 kg^{-1} s^{-2}}$,
地球の質量　$M_\text{地} = 6.0 \times 10^{24}\ \mathrm{kg}$,
地球の半径　$R_\text{地} = 6.4 \times 10^{6}\ \mathrm{m}$,
月の質量　$M_\text{月} = 7.3 \times 10^{22}\ \mathrm{kg}$,
月の半径　$R_\text{月} = 1.7 \times 10^{6}\ \mathrm{m}$

解答　質量 m の物体にはたらく重力加速度 g は，地球や月（質量 M）の万有引力から生じる．重力の法則から

第 3 章 運動の法則——ニュートンの運動方程式

$$mg = G\frac{Mm}{R^2}$$

両辺を m で割って

$$g = \frac{GM}{R^2}$$

である．よって対応する数値を代入して，以下を得る．

$$g_\text{地} = \frac{6.7 \times 10^{-11} \cdot 6.0 \times 10^{24}}{(6.4 \times 10^6)^2} = 9.8 \quad (\text{ms}^{-2})$$

$$g_\text{月} = \frac{6.7 \times 10^{-11} \cdot 7.3 \times 10^{22}}{(1.7 \times 10^6)^2} = 1.7 \quad (\text{ms}^{-2})$$

このように，月面での重力加速度は地球の約 1/6 である．

ここに注意 「質点」について　本書では「物体」という日常語を使うことによって，使うことを意図的に避けてきた「質点」という概念について，第 3 法則とも関連して少し述べておこう．幾何学における「点」や「直線」の概念と同様に，力学における質点の概念も理解しにくいものである．質点とは「質量をもつが，大きさをもたない物質」であるとされ，力学とはこの質点の運動を科学する学問であるというのだ．これをまともに受け取ると，世の中には質点は存在しないのであるから，力学という学問じたいが「空理空論」のように思えてしまう．

これについては，「質点とは現実の物体に対するある種の理想化であり，近似的な概念である」と理解するのが健全な対処法であろう．すなわち，現実にはある大きさを持つ物体について，その変形を問題にする場合を弾性体といい，変形が無視できる場合を剛体といって，取り扱いを異にする．さらにその剛体の運動について，回転の影響が無視できる場合で，並進運動のみを問題にする場合が，「質点」という理想化が妥当と考えられる状況なのである．

あるいはまた，次のような理解の仕方も可能であろう．すなわち，大きさを持った現実の物体は，上記の近似的質点の集まり（質点系という）であると考え

る．このとき，これらの構成要素である質点は互いに力を及ぼしあっている．この力は第3法則にいう「作用・反作用」の関係にあって，全体を考慮する際には内力として打ち消しあってしまう．質点系の重心運動を問題にする場合には，これらの内力は無視してよいのである．地球の公転運動を議論する際に，「地球を大きさのない質点として取り扱ってよい」ことの根拠は，以上のような考察にもとづくのである．こういった議論の詳細については，『力学Ⅱ』第10章「多粒子系の運動」において学ぶ．

> まとめ：ニュートンの運動の **3** 法則
> 1. 慣性の法則：静止または等速度運動をする物体は，外力によってその状態を変えられない限り，その状態を続ける．
> 2. 運動の法則：物体の加速度は外力に比例し，質量に反比例する．
> 3. 作用・反作用の法則：2つの物体が互いに及ぼしあう力は，大きさが等しく方向は反対である．

3.2 ニュートンの微分記法

いままで微分をあらわすのにライプニッツの記法，例えば dx/dt，を用いてきた．これに対してニュートンは，同じものを $\dot{x}$ のように文字の上に点を打ってあらわす記法を採用していた．この記号法は，例えば「合成関数の微分」の際に約分できるといったライプニッツ記法の利点は持っていないが，簡潔にあらわすことができるところに長所がある．便利なので，本書でも適宜使うことにする．ただし本書では，時間に関する微分をあらわすためにだけ，ニュートン記法を使う．

確認のため，両方の記法を併記しておこう．

$$\frac{dx}{dt} = \dot{x}, \quad \frac{dv}{dt} = \dot{v}$$

第3章 運動の法則——ニュートンの運動方程式

同様に，ベクトルの微分についても

$$\frac{\mathrm{d}\boldsymbol{r}}{\mathrm{d}t} = \dot{\boldsymbol{r}}, \quad \frac{\mathrm{d}\boldsymbol{v}}{\mathrm{d}t} = \dot{\boldsymbol{v}}$$

といった具合である．また，2階微分は点を2つ打って

$$\frac{\mathrm{d}^2 x}{\mathrm{d}t^2} = \ddot{x}, \quad \frac{\mathrm{d}^2 \boldsymbol{r}}{\mathrm{d}t^2} = \ddot{\boldsymbol{r}}$$

のようにあらわす．したがって，ニュートンの運動方程式(第2法則)は

$$m\frac{\mathrm{d}^2 \boldsymbol{r}}{\mathrm{d}t^2} = \boldsymbol{f} \quad \Leftrightarrow \quad m\ddot{\boldsymbol{r}} = \boldsymbol{f}$$

のようになる．

以後では，都合のよい記法を適宜混在して使うことにする．最初のうちはとまどうかもしれないが，慣れるとその便利さはなかなかのものだと思えるようになるはずである．例えば

$$\left(\frac{\mathrm{d}x}{\mathrm{d}t}\right)^2 = \dot{x}^2, \quad \left(\frac{\mathrm{d}\boldsymbol{r}}{\mathrm{d}t}\right)^2 = \dot{\boldsymbol{r}}^2$$

の両辺を比べた場合，右辺の簡潔さには目を見張るものがある．

例題 3.2 半径 a，角速度 ω の等速円運動は

$$\boldsymbol{r}(t) = (a\cos(\omega t), a\sin(\omega t)),$$
$$\boldsymbol{v}(t) = (-a\omega\sin(\omega t), a\omega\cos(\omega t))$$

のように(速度の大きさ $v=a\omega$)あらわされるので，位置ベクトルと速度ベクトルは互いに直交($\boldsymbol{v}\cdot\boldsymbol{r}=0$)している．このことは，直接に内積を計算してもわかる(章末問題 2.2)が，図 3.3 からも容易に読み取れることと思う．

ところで，この性質 $\boldsymbol{v}\cdot\boldsymbol{r}=0$ が，等速でなくとも「軌道が円に束縛された運動」の場合には必ず成り立つことを示せ．

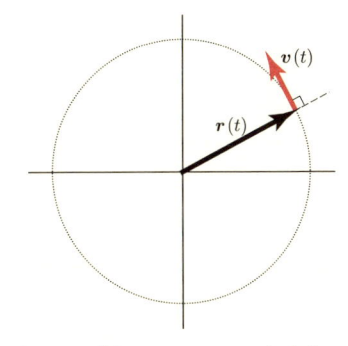

図 3.3 円運動では，動径ベクトル $r(t)$ と速度ベクトル $v(t)$ は直交する

解答 軌道が半径 a の円であることを，ベクトル r を使ってあらわせば

$$r \cdot r = a^2$$

と書ける．これは位置ベクトル $r(t)$ の時間依存性がどうであれ成立している．そこで両辺の時間微分をおこなえば，右辺は時間によらない定数であるから

$$\frac{d}{dt}(r \cdot r) = 0$$

となる．この左辺は積の微分公式によって

$$\dot{r} \cdot r + r \cdot \dot{r} = 2\dot{r} \cdot r$$

と変形されることに注意すれば，$\dot{r} = v$ であるから結局

$$v \cdot r = 0$$

が導かれる．

上でベクトルの内積に対して「積の微分公式」を用いた．これが許されることは，成分表示によっても示されるが，定義から直接に

第 3 章　運動の法則──ニュートンの運動方程式

$$\frac{\mathrm{d}}{\mathrm{d}t}\left(\boldsymbol{f}(t)\cdot\boldsymbol{g}(t)\right) = \lim_{h\to 0}\frac{\boldsymbol{f}(t+h)\cdot\boldsymbol{g}(t+h) - \boldsymbol{f}(t)\cdot\boldsymbol{g}(t)}{h}$$

において

$$\boldsymbol{f}(t+h)\cdot\boldsymbol{g}(t+h) - \boldsymbol{f}(t)\cdot\boldsymbol{g}(t)$$
$$= (\boldsymbol{f}(t+h) - \boldsymbol{f}(t))\cdot\boldsymbol{g}(t+h) + \boldsymbol{f}(t)\cdot(\boldsymbol{g}(t+h) - \boldsymbol{g}(t))$$

に注意すればわかる．

3.3　次元・単位と次元解析

(a) 次元と単位

　物理が取り扱う量（これを物理量という）にはいろいろなものがあるが，あらゆる物理量は必ずなんらかの次元(dimension)，あるいは単位(unit)を持っている．次元というのは例えば，長さであるとか，長さの 2 乗であらわされる面積とか，長さを時間で割った速度とかをいう．「空間の次元は 3 次元」などというときの「次元」と同じ言葉を使うので気をつけてほしい．

　さて，すべての物理量は次の 4 つの次元・単位の組み合わせであらわされる．これを MKSA(メートル，キログラム，セコンド，アンペア)単位系という．

次元	記号	単位
長さ	L	m（メートル）
質量	M	kg（キログラム）
時間	T	s（秒）
電流	I	A（アンペア）

　表 3.1 におなじみの物理量の次元をいくつか挙げておいたので，確かめてほしい．どうやればこれらが確かめられるかを考えてみるのは，中学・高校の物理のよい復習になるはずである．

表 3.1 物理量の次元

エネルギー	$M \cdot L^2 \cdot T^{-2}$
慣性モーメント	$M \cdot L^2$
電気抵抗	$M \cdot L^2 \cdot T^{-3} \cdot I^{-2}$
粘性率	$M \cdot L^{-1} \cdot T^{-1}$

余談 用語について 「力」という言葉についての注意を喚起しておきたい．世の中には，魅力とか老人力などといった，力という漢字を含む言葉がたくさんある．物理で用いる「力」の概念は，これらと共通する性質もあるが，きわめて限定されたものに対してだけ使うので，用心が必要だ．

特に物理の世界の言葉で「力」と付いているのに，正確には力ではないものがあったりするのでやっかいである．例えば，「圧力」は単位面積あたりにはたらく力（$N \cdot m^{-2}$）であるし，「電力」は単位時間あたりの仕事のエネルギー（$J \cdot s^{-1} = W$，ワット）をあらわす量である．ここで J（ジュールと読む）はエネルギーの単位で $J = kg \cdot m^2 \cdot s^{-2}$ の関係がある．昔の物理の本には，エネルギーのことを漢字で「勢力」と書いてあったりして，不思議な気持ちになる．あるいはまた，化学の世界には「親和力」とよばれる量があるが，これもエネルギーの次元（J）を持つ量である．

また第 3 法則の別名「作用・反作用の法則」にある「作用」は，正しく「力」の意味を持つ量に関する法則であるから，正確には「作用力」とでもすべきところである．慣習のためにこうよびならわされているのである．一方で物理には，別に「作用」(action) という用語で $J \cdot s$，すなわちエネルギー×時間の次元を持つ重要な物理量があったりするから話がややこしくなる．例えば，『力学 II』の第 7 章に登場する「角運動量」がこの単位を持っているし，量子論に登場するプランク定数もこの「作用」の次元を持っている．混同しないよう注意してほしい．

さて物理に登場する式は，ふつう「あるものが別のあるものに等しい」という形式に書かれる．このとき，

第3章　運動の法則——ニュートンの運動方程式

両辺の次元は必ず一致していなければならない．

例えば，ニュートンの運動方程式は

$$m\ddot{\bm{r}} = \bm{f}$$

と書かれる．この式は次元・単位について，右辺の「力」が左辺の「質量と加速度の積」となることを主張している．力の単位は N(ニュートン)であるから，これは次の関係を意味する．

$$\mathrm{N} = \mathrm{kg \cdot m \cdot s^{-2}} \tag{3.5}$$

(b) 次元解析

すべての物理量が次元を持ち，物理に登場するあらゆる式の両辺の次元は一致しなければならないことをうまく利用すると，物理公式を「導出」できることがある．これを**次元解析**(dimensional analysis)という．

例として，バネにつけられた物体の運動を取り上げよう．

図 3.4 のように，水平面上で質量 m の物体をバネに取り付ける．つりあいの位置から少しずらせて手を離すと，物体は周期的運動(単振動)をする．バネの変位(伸縮) x は加えた力 f に比例するというフックの法則が成り立つから，この場合の運動方程式は

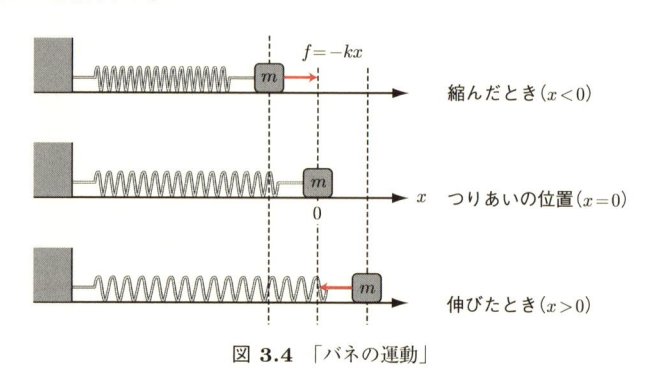

図 **3.4** 「バネの運動」

$$m\frac{\mathrm{d}^2 x}{\mathrm{d}t^2} = -kx \tag{3.6}$$

とあらわされる．右辺の比例係数 k はバネ定数とよばれる．この微分方程式を解けば，問題の単振動の周期 T も得られるわけであるが，それは第 5 章にゆずって，ここでは周期 T を運動方程式を具体的に解くことなしに求めてみよう．

周期 T を決めている物理量は，物体の質量 m，バネ定数 k および単振動の振幅 A と考えられるから

$$T = m^a k^b A^c \tag{3.7}$$

とおいてみる．ここで，両辺の次元が一致すべしという要請を課せば，バネ定数 k の次元は（フックの法則から）力/長さ であるから MLT^{-2}/L=MT^{-2} より，両辺の次元はそれぞれ

$$\text{左辺の次元} = \text{T},$$
$$\text{右辺の次元} = \text{M}^a \left(\text{MT}^{-2}\right)^b \text{L}^c = \text{M}^{a+b} \text{T}^{-2b} \text{L}^c$$

となる．そこで両辺の各ベキを比べ，得られた連立方程式

$$a+b=0, \quad -2b=1, \quad c=0$$

を解いて，$a=1/2$，$b=-1/2$，$c=0$ を得る．したがって

$$T = \sqrt{\frac{m}{k}} \times (\text{無次元量}) \tag{3.8}$$

となる．後にみるように，正確には $T=2\pi\sqrt{m/k}$ であり，係数の 2π はたしかに無次元量である．

このように次元・単位の考えを使って，運動方程式を解かずに周期の表式を（無次元の係数を除いて）求めることができるのは，素晴らしいことである．得られた結果で特に興味深い点は，周期が振幅によらないことで，これは単振動の際立った特徴のひとつである．

次元解析という方法は，計算の容易さのわりにたいへん強力であるので，運

動方程式を解く前にこれを試みて結果を予想しておくと，計算間違いなどの予防にも役に立つことがある．また，結果が正しいかを調べるのにも使うことができる．本書ではいちいち挙げないが，皆さんもみずから試みてほしい．

第3章 問 題

問題 3.1 3本の同じバネを使って質量 m の板を図のように支える．バネの質量は無視できるとし，バネ定数を k，バネの自然長を ℓ_0 とする．このとき，3本の長さがやはり等しく ℓ となってつりあうという．板にはたらく力のつりあいを考えて，長さ ℓ を求めよ．

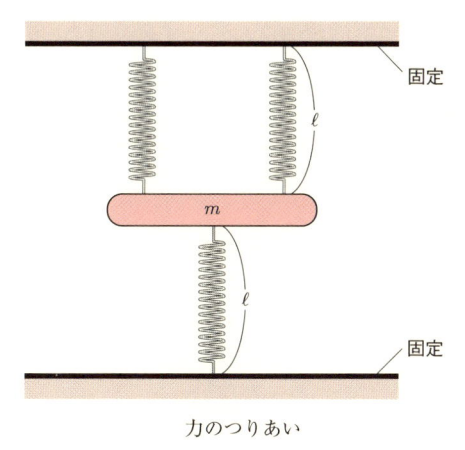

力のつりあい

問題 3.2 「氷山の一角」という言葉がある．氷山(や船)が浮かんでいるのは重力と浮力がつりあっているからである．「浮力の大きさは，物体が排除した体積に相当する水に対する重力の大きさに等しい」(アルキメデスの原理)として，全体積に対する水面上の部分の割合を求めよ．ただし，水の密度，氷の密度をそれぞれ $\rho=1.03\,\mathrm{g\cdot cm^{-3}}$ (海水)，$\rho_0=0.92\,\mathrm{g\cdot cm^{-3}}$ とする．

問題 3.3 エベレスト(チョモランマ)山頂における重力加速度はどの程度であるかを，計算によって推定せよ．ただし，高さ H における重力加速度 g は，地球半径を R として

$$g = g_0\left(1+\frac{H}{R}\right)^{-2}$$

で与えられるとする．ここで，$g_0=9.8\,\mathrm{m\cdot s^{-2}}$=地表での重力加速度 である．

また，エベレストの高さを $H=8848$ m，地球半径を $R=6.4\times10^6$ m とする．

問題 3.4 ケプラーの第3法則，すなわち公転周期 T と長半径 a の間に関係式 $T^2 \propto a^3$ が成り立つことを，軌道が円の場合についての次元解析によって導け．

（ヒント）公転周期 T は，万有引力定数 G と太陽質量 M および半径 a によって決まる．

問題 3.5 地表付近の円軌道を回る人工衛星について考えよう．衛星は等速円運動するものとして，動径方向の運動方程式を考え，衛星の速さ v と周期 T を計算せよ．ここで，軌道半径は地球半径 R と同じと仮定し，以下の数値を使ってよい．このときの速度を**第1宇宙速度**という．

$$R = 6.4 \times 10^6 \text{m}, \quad g = 9.8 \text{ m·s}^{-2}$$

第4章

運動方程式を解く
積 分 法

　世の中にはいろいろな力によって引き起こされるさまざまな運動がある．第3章で学んだことによれば，それらはニュートンの運動方程式によって記述される．この章では，このニュートンの運動方程式を解くことについて考える．運動方程式が解ければ，砲丸の軌道や惑星の運動などがわかる．
　方程式を解くことによって，現象を説明したり予言したりできるというのは，真に驚くべきことである．

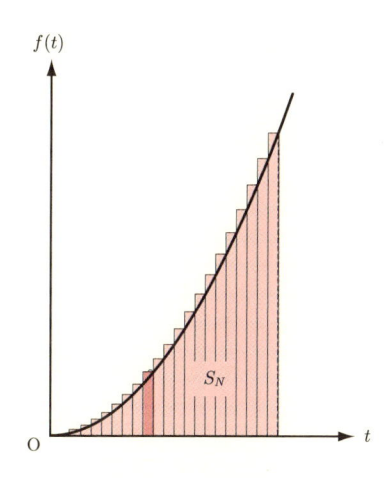

第 4 章 運動方程式を解く——積分法

あらためてニュートンの運動方程式を書いておこう．

$$m\frac{\mathrm{d}^2 \boldsymbol{r}}{\mathrm{d}t^2} = \boldsymbol{f} \tag{4.1}$$

力 $\boldsymbol{f}$ がわかっているときに，物体の運動すなわち位置を時間の関数 $\boldsymbol{r}(t)$ として求めることを，「運動方程式を解く」という．

4.1　等加速度運動の方程式を解く

「運動方程式を解く」とはどういうことなのか，簡単な場合について実行してみよう．より複雑な場合にも，いくつかの必要となる概念は共通している．まず取り上げる問題は，すでにくり返し議論してきた等加速度運動である．

例題 4.1　質量 m のボールを鉛直上方へ初速度 v_0 で投げ上げる．鉛直上向きに座標 y を選ぶと，重力加速度を g として，運動方程式は

$$m\frac{\mathrm{d}^2 y}{\mathrm{d}t^2} = -mg \tag{4.2}$$

となる．ボールの運動を決定せよ．すなわち，任意の時刻 t における $y(t)$ を求めよ．

解答　運動方程式 (4.2) は未知関数 $y(t)$ が，任意の時刻で満たすべき方程式である．時間について 2 階の微分があらわれるので，これを **2 階の微分方程式**という．一般に，あらわれる微分の最高次数をもって，その微分方程式の「次数」あるいは「階数」という．

さて，時刻 t における上向きの速度を $v(t)$ と書けば，$v = \mathrm{d}y/\mathrm{d}t$ であるから，上の方程式は両辺の m を約分して，v の式に直せば

4.1 等加速度運動の方程式を解く

$$\frac{d^2y}{dt^2} = -g \implies \frac{dv}{dt} = -g \tag{4.3}$$

とも書ける．すなわち，同じ運動方程式が，未知関数 $v(t)$ について見れば，1階の微分方程式となる．このように次数は，何を未知関数とするかによって変化する．運動が質量 m によらないことは，重力の著しい性質である．さて，微分が定数となる関数は一般に t の1次式であるから，$v(t)$ は

$$v(t) = A - gt \quad (A = 定数) \tag{4.4}$$

と求まる．このように，微分方程式を満たす未知関数を変数 t をあらわに含む関数形に求めることを，「微分方程式を解く」という．

ここで，たんに方程式(4.3)を満たすものという意味では，例えば $v(t) = -gt$ も解には違いない．けれども，もっとも一般的な解は，式(4.4)のように任意定数 A を含むものである．これを**一般解**といい，A を特定の値(例えば $A=0$)にしたものを**特別解**(略して特解)という．式(4.3)のように微分方程式が1階のとき，一般解には任意定数が1個あらわれる．この任意定数 A はどのように決まるのであろうか．問題文には初速度が v_0 とある．そこで，一般解(4.4)に $t=0$ を代入して

$$v(0) = A - g \cdot 0 = v_0 \implies A = v_0 \tag{4.5}$$

となる．このように時刻 $t=0$ において，速度(や位置)を指定する条件を初期条件という．

任意定数は初期条件によって決められる

のである．

こんどは位置 $y(t)$ を求めよう．

$$\frac{dy}{dt} = v(t) = v_0 - gt \tag{4.6}$$

ここで，すでに得られた速度 $v(t)$ の式を用いた．その微分が t の1次式とな

71

るような関数は2次式であるから

$$y(t) = B_0 + B_1 t + B_2 t^2 \implies \frac{dy}{dt} = B_1 + 2B_2 t = v_0 - gt \quad (4.7)$$

となる．これが任意のtで成り立つのであるから，両辺を比べて$B_1 = v_0$, $B_2 = -g/2$を得る．結局

$$y(t) = B_0 + v_0 t - \frac{g}{2} t^2 \quad (B_0 = 定数) \quad (4.8)$$

となる．$y(t)$の方程式(4.6)が1階であったから，任意定数B_0も1個あらわれたのである．初期位置を$y(0)=0$とすれば(y軸の原点を決めることに相当)，定数$B_0=0$と決まる．

上では順に$v(t)$そして$y(t)$と求めてきたけれども，最初の方程式

$$\frac{d^2 y}{dt^2} = -g$$

を一気に解いてもよい．すなわち$y(t) = B_0 + B_1 t + B_2 t^2$とおいて左辺に代入すると

$$\frac{d^2 y}{dt^2} = 2B_2 = -g$$

これを解いて

$$B_2 = -\frac{g}{2}$$

を得る．

よって

$$y(t) = B_0 + B_1 t - \frac{g}{2} t^2 \quad (B_0, B_1 = 定数) \quad (4.9)$$

と，求められる．方程式(4.2)が2階であったから任意定数がB_0, B_1の2個あらわれたのである．これらは2つの初期条件$y(0)=0$, $v(0)=\dot{y}(0)=v_0$から$B_0=0, B_1=v_0$と決められることはいうまでもない．

以上の結果から図4.1を得る．もとの高さに戻ってくる時刻は$y(t)=0$か

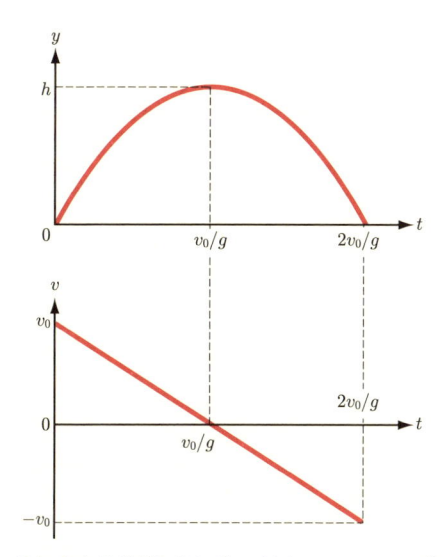

図 **4.1** 等加速度運動(投げ上げ)．(上) $y(t)=v_0 t - gt^2/2$，(下) $v(t)=v_0-gt$

ら $t=2v_0/g$．また最高点に達するのは時刻 $t=v_0/g$ で，そのときの高さは $h=v_0^2/2g$ である．

> **まとめ：微分方程式**
> 1. 未知関数の微分が満たす式の形に書かれた方程式を数学では微分方程式という．運動方程式は微分方程式である．そのときあらわれる微分の最高次数を，その微分方程式の次数あるいは階数という．運動方程式は位置に対する方程式とみれば，時間について 2 階の微分方程式となる．
> 2. 一般に微分方程式の解は，階数と同じ個数の任意定数を含むことができる．これを微分方程式の一般解という．これらの任意定数は，初期条件によって定められる．運動方程式の場合には，初期位置と初速度が初期条件となる．

第 4 章　運動方程式を解く——積分法

4.2　積分がわかれば微分方程式が解ける

　この節では，運動方程式すなわち微分方程式を解く問題を，数学的な見地から考え直してみよう．微分方程式を解くことを，微分方程式を「積分する」ということもあるように，微分と積分のあいだには深い関係がある．

　(a) 原始関数と不定積分
　関数 $f(t)$ が与えられているとき，

$$\frac{\mathrm{d}}{\mathrm{d}t}F(t) = f(t) \tag{4.10}$$

すなわち微分すると $f(t)$ となるような関数 $F(t)$ を，もとの関数 $f(t)$ の原始関数という．このような $F(t)$ を記号

$$F(t) = \int f(t)\mathrm{d}t \tag{4.11}$$

であらわし，$f(t)$ の**不定積分**ともよぶ．また $\mathrm{d}t$ の t を**積分変数**という．「不定」というのは，$F(t)$ が $f(t)$ の原始関数ならば，定数 C を加えた $F(t)+C$ も原始関数となり(定数の微分はゼロだから)，一意的に定まらないからである．このときの定数 C のことを**積分定数**という．前節で等加速度運動の一般解にあらわれた任意定数は，この積分定数なのである．
　不定積分を

$$F(t) = \int^t f(t)\mathrm{d}t \tag{4.12}$$

のように，積分記号の上限(上の限界)に t を書き，下限(下の限界)は指定しない書き方をすることもある．これはすぐ後に出てくる**定積分**と区別するためである．$f(t)$ が与えられたとき，その原始関数あるいは不定積分 $F(t)$ を求めることを，「$f(t)$ を積分する」という．

4.2 積分がわかれば微分方程式が解ける

余談 積分の上限 t は左辺にある $F(t)$ の t と同じだが，積分変数の t は，例えば

$$F(t) = \int^t f(t') \mathrm{d}t'$$

のように変えて書くほうがまぎれがない．けれども，混同の恐れがないときは簡単のために，同じ文字 t を使うことも多い．別の言い方をすると，積分変数にどんな文字を使おうと積分の結果には関係しないのである．積分記号 $\int$ を創始したのはライプニッツであるが，これは Sum (和) の頭文字 S を引き伸ばしたものだそうで，後にみるように積分は足し算とよく似ているからである．

さて，このような原始関数あるいは不定積分は，微分の知識があれば求めることができる．例えば

$$f(t) = 1 \implies F(t) = \int^t \mathrm{d}t = t + C$$
$$f(t) = t \implies F(t) = \int^t t\mathrm{d}t = \frac{1}{2}t^2 + C$$

である．確かめるには $F(t)$ を微分してみればよい．前節で等加速度運動を解く際には，これらの関係式を使った．一般に

$$\frac{\mathrm{d}}{\mathrm{d}t} t^n = nt^{n-1}$$

であったから

$$\int^t t^n \mathrm{d}t = \frac{t^{n+1}}{n+1} + C \qquad (n \neq -1) \tag{4.13}$$

という積分公式を得る．ここで，条件 $n \neq -1$ には注意が必要である．$n = -1$ のときは「ベキ乗」にはならず，別扱いとなる (後の対数関数の項 (88 ページ) を参照)．

「定数倍の微分」と「和の微分」に関する性質 (線形性) は，そのまま同様な「積分の性質」に引き継がれる．ほとんど自明なことであるが，念のために書いておこう．

第4章 運動方程式を解く——積分法

> **積分の性質**
> $$\int^t (f(t)+g(t))\mathrm{d}t = \int^t f(t)\mathrm{d}t + \int^t g(t)\mathrm{d}t \tag{4.14}$$
> $$\int^t \lambda f(t)\mathrm{d}t = \lambda \int^t f(t)\mathrm{d}t \quad (\lambda = 定数) \tag{4.15}$$

(b) 定積分

関数 $f(t)$ の原始関数を $F(t)$ とするとき,

$$\int_a^b f(t)\mathrm{d}t = \bigl[F(t)\bigr]_a^b = F(b) - F(a) \tag{4.16}$$

と書いて,関数 $f(t)$ の区間 $a \leqq t \leqq b$ における**定積分**という.真ん中の記号は,$t=a,b$ の場合について右辺のような差をとることを意味する.原始関数(不定積分)$F(t)$ は定数 C だけ不定であったが,$(F(b)+C)-(F(a)+C)=F(b)-F(a)$ であるから,定数 C は定積分値には現われないことに注意してほしい.

定積分が以下の性質を持つことは容易にわかる.

> **定積分の性質**
> $$\int_a^b f(t)\mathrm{d}t + \int_b^c f(t)\mathrm{d}t = \int_a^c f(t)\mathrm{d}t \tag{4.17}$$
> $$\int_a^b f(t)\mathrm{d}t = -\int_b^a f(t)\mathrm{d}t \tag{4.18}$$

実際 $f(t)$ の原始関数を $F(t)$ とすれば,前者は $(F(b)-F(a))+(F(c)-F(b))=F(c)-F(a)$ から,後者は $F(b)-F(a)=-(F(a)-F(b))$ から明らかであろう.

場合によると,例えば積分の上限 b が ∞ という定積分が必要になることがある.これは**広義積分**とよばれるものの例で

$$\int_a^\infty f(t)\mathrm{d}t = \lim_{b\to\infty}\int_a^b f(t)\mathrm{d}t = \lim_{b\to\infty}(F(b)-F(a)) \tag{4.19}$$

として,右辺の極限によって計算される.$\int_{-\infty}^\infty f(t)\mathrm{d}t$ の場合も同様である.

(c) 微分と積分

定積分の上限 b をあらためて t と書けば，式(4.16)は

$$\int_a^t f(t)\mathrm{d}t = F(t) - F(a)$$

となる．そこで逆に，この両辺を t で微分すると

$$f(t) = \frac{\mathrm{d}}{\mathrm{d}t}F(t) \tag{4.20}$$

を得る．すなわち

積分と微分は互いに逆の演算操作

なのである．このことを微積分学の基本定理とよぶ．

以上を別の角度からながめると次のようになる．微分方程式

$$\frac{\mathrm{d}}{\mathrm{d}t}x(t) = f(t)$$

の解は，関数 $f(t)$ の原始関数(不定積分)で与えられるが，このとき $x(t)$ の初期値 $x(0)$ がわかっていれば(初期条件)，積分定数 C は決まってしまう．すなわち

$$x(t) = x(0) + \int_0^t f(t)\mathrm{d}t \tag{4.21}$$

となるからである．実際，右辺に $t=0$ を代入すれば，左辺に一致することがわかる．このように，微分方程式と初期条件が与えられれば，その解は一意的に決まってしまう．運動方程式は位置に関して2階の微分方程式であるから，初期条件として初期位置と初期速度の2つを与えれば，解は決まる．これをニュートン力学の決定論的性格という．

(d) 定積分と面積

歴史的には，「定積分」という概念は微分法の発見以前から知られていた．

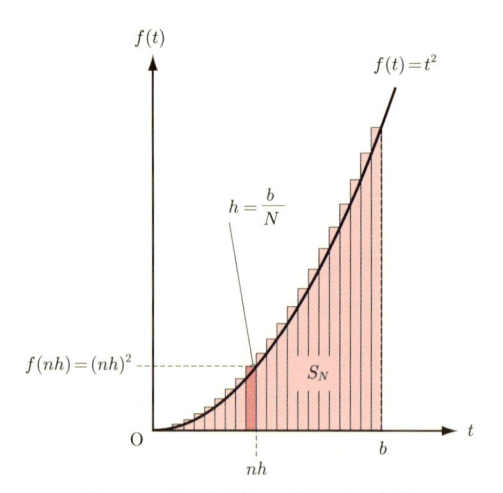

図 **4.2** 区分求積法．面積は和の極限

すなわちアルキメデスは区分求積法によって，関数 $f(t)$ の区間 $a \leqq t \leqq b$ における面積($f(t)$ と x 軸との間の面積)を求めたという．$f(t)=t^2$, $0 \leqq t \leqq b$ の場合で説明しよう．区間 $0 \leqq t \leqq b$ を N 等分して $h=b/N$ とする．問題の面積 S は図 4.2 の短冊状の長方形の面積を加えた S_N に近似的に等しい．

そして S_N は $N \to \infty$ の極限で，求める面積 S に限りなく近づくと期待される．

$$S_N = \sum_{n=1}^{N} f(nh) \cdot h = h^3 \sum_{n=1}^{N} n^2$$
$$= h^3 \frac{N(N+1)(2N+1)}{6}$$

であるから(ベキ和の公式を思い出そう)，$h=b/N$ に戻して極限 $N \to \infty$ をとれば

$$S = \lim_{N \to \infty} S_N = \lim_{N \to \infty} b^3 \frac{N(N+1)(2N+1)}{6N^3}$$
$$= \frac{2}{6} b^3 = \frac{b^3}{3}$$

を得る．これは，定積分

$$\int_0^b t^2 \mathrm{d}t = \left[\frac{t^3}{3}\right]_0^b = \frac{b^3}{3} - \frac{0^3}{3} = \frac{b^3}{3}$$

と一致している．

このように，定積分は足し算の極限とみなすことができる．したがって，それが足し算の持つ性質を引き継ぐのも当然なのである．同様にして，微分は引き算の極限とみなすことができることも注意しておこう．

一般の場合にも $f(t)$ が連続であれば，$h=(b-a)/N$ として

$$\int_a^b f(t)\mathrm{d}t = \lim_{N\to\infty} \sum_{n=1}^N h \cdot f(a+nh) \tag{4.22}$$

となることが証明できる．

例題 4.2 例題 4.1 で求めた，等加速度運動

$$\frac{\mathrm{d}^2 y}{\mathrm{d}t^2} = \frac{\mathrm{d}v}{\mathrm{d}t} = -g, \quad y(0)=0, \quad v(0)=v_0$$

の解が $v(t)=v_0-gt$, $y(t)=v_0 t-gt^2/2$ となることを，「定積分=面積」の観点から確かめよ．

解答 まず，速度は加速度の定積分から

$$v(t) = v(0) + \int_0^t (-g)\mathrm{d}t = v_0 - gt$$

と求まる．定数 $-g$ の 0 から t までの定積分は，t 軸の下側にあるので，図 4.3 左の長方形の面積にマイナスを付けて $-gt$ となる（定数倍の積分は積分の定数倍）のである．つぎに，位置 $y(t)$ は

$$y(t) = y(0) + \int_0^t (v_0 - gt)\mathrm{d}t = v_0 t - \frac{g}{2}t^2$$

となる（$y(0)=0$）．実際，図 4.3 右の台形の面積は

$$y(t) = \frac{t}{2}(v_0 + (v_0 - gt)) = v_0 t - \frac{g}{2}t^2$$

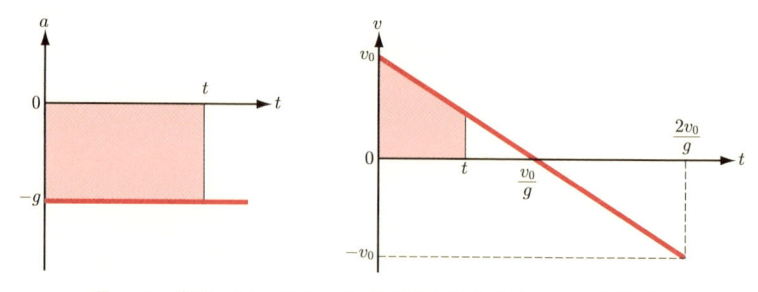

図 4.3 速度 $v(t)$, 位置 $y(t)$ を面積から求める. $v<0$ は落下中を意味する

と計算されるから，両者は一致する．速度 $v(t)<0$ になる $t>v_0/g$ の場合にも，面積に正負があることを考慮すれば，そのままの表式であらわされる点には注意する必要がある．

このように「定積分=面積」という観点は，直感に訴えやすいという点では便利であるが，場合によっては，不定積分を用いた代数計算によって

$$y(t) = y(0) + \int_0^t (v_0 - gt)\mathrm{d}t$$
$$= \left[v_0 t - \frac{g}{2}t^2\right]_0^t = v_0 t - \frac{g}{2}t^2$$

とするほうが，機械的に計算できるというメリットがある．

4.3 2次元の等加速度運動

今度は重力のもとでの「斜め投げ上げ運動」について調べてみよう．この問題は，鉛直方向には加速度 $-g$ の等加速度運動，水平方向には加速度ゼロの等速度運動として，2つの1次元問題として扱うことができる．そのほうがわかりやすい側面もあるのだが，ここではわざとベクトル記法のまま2次元の問題として議論してみる．

4.3 2次元の等加速度運動

例題 4.3 質量 m の物体を初速 v_0 で，斜め上方に仰角 θ で投げる（図4.4）．このときの運動方程式は

$$m\frac{\mathrm{d}^2 \boldsymbol{r}}{\mathrm{d}t^2} = -m\boldsymbol{g}, \qquad \boldsymbol{g} = (0, g)$$

で与えられる．$\boldsymbol{g}$ は重力加速度をあらわすベクトルである（重力は鉛直方向（下向き）を向いているので x 成分はつねにゼロ）．物体のその後の運動を調べよ．

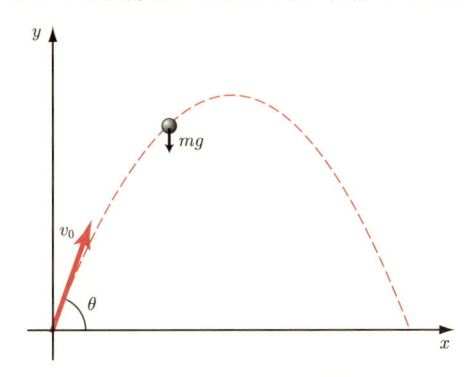

図 4.4 斜め投げ上げ運動

解答 右辺は定数ベクトルである．ベクトル記法のまま積分が実行できて，一般解は

$$\boldsymbol{r}(t) = \boldsymbol{C}_0 + \boldsymbol{C}_1 t - \frac{\boldsymbol{g}}{2} t^2$$

と求まる．ベクトルの積分定数 $\boldsymbol{C}_0, \boldsymbol{C}_1$ を2つ含んでいる．これらは，初期条件から

$$\boldsymbol{r}(0) = 0 \;\;\Rightarrow\;\; \boldsymbol{C}_0 = 0$$
$$\dot{\boldsymbol{r}}(0) = \boldsymbol{v}(0) \;\;\Rightarrow\;\; \boldsymbol{C}_1 = \boldsymbol{v}(0)$$

と定まる．よって，運動方程式の解は

$$\boldsymbol{r}(t) = \boldsymbol{v}(0) t - \frac{\boldsymbol{g}}{2} t^2$$

と求まる．成分で書けば

$$\boldsymbol{v}(0) = (v_0 \cos\theta,\ v_0 \sin\theta)$$

であるから

$$x(t) = v_0 t \cos\theta, \quad y(t) = v_0 t \sin\theta - \frac{g}{2}t^2$$

と，よく知られた結果を得る．

以上から，地上へ戻るまでの時間は $y(t)=0$ を解いて，$t=2v_0 \sin\theta/g$，そのときの水平到達距離は $L=v_0{}^2 \sin(2\theta)/g$ となる．よって，最も遠くまで投げるには，仰角を $\theta=\pi/4$，すなわち $45°$ にするとよいという，よく知られた結果を得る．砲丸投げの選手がどのような角度で砲丸をほうり出しているかを思い出そう．

4.4 減衰運動——指数関数と対数関数

今度は少し異なる運動の例を考えてみよう．速度を持った物体をゆっくりと減速させて止めるという働きをする装置を，一般に「ダンパー(damper, 制動器)」という．ドアの回転部や自動車のサスペンションほかいろいろな機械装置などに，この仕組みがよく使われている．

この場合の物体の運動をモデル化すると，ある時刻の加速度が(したがって力が)そのときの物体の速度に比例するとして(減速なのでマイナスを付ける)

$$m\frac{\mathrm{d}v}{\mathrm{d}t} = -kv \quad (k = 正定数) \tag{4.23}$$

と書ける．これは未知関数 $v(t)$ に対する微分方程式である．この場合，右辺にも未知関数があるから，そのまま積分するというわけにはいかない．この微分方程式を解くには，指数関数と対数関数の知識が必要となるのである．

4.4 減衰運動——指数関数と対数関数

(a) 指数関数

「ねずみ算」というのを聞いたことがあるだろうか．ねずみは成長が速くて，数カ月で次の世代の繁殖期を迎える．簡単のためにいろいろな条件を理想化して，(1)必ず一組のつがいの子供を同じペースで生む，(2)老化して繁殖力を失ったり死亡したりしない，と仮定すると，第 n 世代目の個体数 x_n は

$$x_n = 2^n x_0 \qquad (n = 1, 2, 3, \cdots) \tag{4.24}$$

であらわされることが容易にわかる．ここで後の便宜のために，パラメータ x_0（ここでは=1とする）を入れてある．上式で $n=0$ を代入すると，$2^0=1$ なので，両辺が一致して矛盾がないことに注意．

式(4.24)で記述される数列 x_n は n の増大とともに急激に増加する．そこで，このような変化を「ねずみ算式の増大」とよぶことがある．例えば $x_{20}=1048576$ である．数列 x_n は「等比数列」の一種で，一般に $a>0$ として

$$x_n = a^n x_0 \qquad (n = 0, 1, 2, \cdots) \tag{4.25}$$

が，初項 x_0，公比 a の等比数列をあらわす．この x_n は n の増大とともに，$a>1$ のとき増加，$0<a<1$ のとき減少という振る舞いを示す．

さて表題の指数関数とは，この等比数列を連続関数に一般化したものである．指数関数を「それが満たす微分方程式」という観点から導入しよう．まず式(4.25)を変形して

$$x_{n+1} = a^{n+1} x_0 = a \cdot a^n x_0 = a x_n$$

これを書き直して

$$x_{n+1} - x_n = (a - 1) x_n \tag{4.26}$$

と書くことから始める．このような x_{n+1} と x_n の間の関係式を一般に漸化式という．ここで時間 t を $t = n \Delta t$ で導入する．ねずみ算の例でいえば，Δt は世代間隔に相当する．(4.26)式の両辺を Δt で割って

第4章 運動方程式を解く——積分法

$$\frac{x_{n+1} - x_n}{\Delta t} = \frac{a-1}{\Delta t} x_n$$

と書き直す．ここでパラメータ α を $(a-1)/\Delta t = \alpha$ によって導入すれば，右辺は αx_n と簡単になる．

さて，上式は微分方程式

$$\frac{\mathrm{d}}{\mathrm{d}t} x(t) = \alpha x(t) \tag{4.27}$$

とよく似ている．$x(t) = x_n$, $x(t + \Delta t) = x_{n+1}$ と解釈するのである．このとき両者の違いは「$\Delta t \to 0$ の極限をとるかどうか」の違いだけであることがわかる．

そこで問題を逆にして，「微分方程式 (4.27) を解け，すなわち解 $x(t)$ を求めよ」という問題が与えられたとしよう．これに答えるために，上で得られた知識を使うのである．

まず微分方程式 (4.27) の左辺の微分を，極限をとる前の式で「近似」する．すなわち，時間 t を n 等分して $\Delta t = t/n$ としたうえで

$$\frac{\mathrm{d}x(t)}{\mathrm{d}t} = \lim_{\Delta t \to 0} \frac{x(t + \Delta t) - x(t)}{\Delta t}$$

を $\dfrac{x_{n+1} - x_n}{\Delta t}$ で置き換えて

$$\frac{x_{n+1} - x_n}{\Delta t} = \alpha x_n \tag{4.28}$$

とすると，すでに見たように式 (4.28) は式 (4.26) になる．これは等比数列の漸化式にほかならないから，その解は式 (4.25) で与えられる．ここで $a = 1 + \alpha \Delta t$ であったことに注意すれば，この解は

$$x_n = x_0 (1 + \alpha \Delta t)^n$$

とあらわされる．

ここで得られた「解」x_n と $x(t)$ との違いは，「極限をとるかどうかの違い」であったから，本当の解は

4.4 減衰運動——指数関数と対数関数

$$x(t) = \lim_{\Delta t \to 0}(1+\alpha\Delta t)^n x_0$$
$$= \lim_{\Delta t \to 0}(1+\alpha\Delta t)^{t/\Delta t} x(0)$$

となるであろう．ここで関係式 $n=t/\Delta t$ を用いた．これはどういう極限かを考えてみると，「t を有限のある値に固定して，n を無限大にする」という極限でもある．よって $\Delta t \to 0$ の代りに $n \to \infty$ を用いれば

$$x(t) = x(0) \lim_{n \to \infty}\left(1+\frac{\alpha t}{n}\right)^n$$

を得る．ここに現われた極限の式が，指数関数の定義である．

指数関数の定義

$$e^t = \lim_{n \to \infty}\left(1+\frac{t}{n}\right)^n \tag{4.29}$$

ここで αt をあらためて t と書いた．言い換えると，微分方程式(4.27)の解は $x(t)=x(0)\,e^{\alpha t}$ で与えられる．数学では a^x $(a>0)$ を一般に指数関数とよぶが，本書では $e^{\alpha x}$ を指数関数とよぶ．$a=e^{\alpha}$ とおけば，$a^x = e^{\alpha x}$ となるので同じことである．e^x を $\exp x$ と書くこともある．

記号 $e=2.7182818\cdots$ はネピア定数(あるいは自然対数の底)とよばれる定数である．式(4.29)で $t=1$ とした

$$e = \lim_{n \to \infty}\left(1+\frac{1}{n}\right)^n \tag{4.30}$$

で，右辺の数列の極限が上記の定数になるのである．表4.1に n の増大とともに右辺が e に近づく様子を示した．

定義(4.29)の指数関数が

指数法則

$$e^{t_1+t_2} = e^{t_1}e^{t_2} \tag{4.31}$$

を満たすことを確かめるには

表 4.1　ネピア定数 e

$n=1$	2.0000000000000
$n=10$	2.5937424601000
$n=100$	2.7048138294215
$n=1000$	2.7169239322356
$n=10000$	2.7181459268249
$n=100000$	2.7182682371923
$n=1000000$	2.7182804690958
$n=10000000$	2.7182816941321
$n=100000000$	2.7182817983474
⋮	⋮
$n=$無限大	e=2.7182818284590

$$\left(1+\frac{t_1}{n}\right)^n \left(1+\frac{t_2}{n}\right)^n = \left(1+\frac{t_1+t_2+\frac{t_1 t_2}{n}}{n}\right)^n$$

に注意すればよい．極限 $n\to\infty$ で，左辺は $e^{t_1}e^{t_2}$ に，右辺は $e^{t_1+t_2}$ になる．$t_1 t_2/n$ は $n\to\infty$ で t_1+t_2 に比べて無視できるからである．

以上から，指数関数の従う微分公式は

$$\frac{d}{dt}e^t = e^t \tag{4.32}$$

であることがわかった．すなわち

e^t は微分しても変わらない．

関数 $e^{\alpha t}$ を微分した場合は α 倍されるだけである（合成関数の微分規則）．以上の結果を使うと，ダンパーの運動方程式を解くことができる．

例題 4.4　ダンパーの運動方程式

$$m\frac{dv}{dt} = -kv \tag{4.33}$$

を解け．

4.4 減衰運動——指数関数と対数関数

解答 　運動方程式(4.33)を微分方程式(4.27)と比較すれば，$\alpha=-k/m$ のとき，両者は一致することがわかる．したがって，解は

$$v(t) = v(0)\,\mathrm{e}^{\alpha t} = v(0)\,\mathrm{e}^{-kt/m} \tag{4.34}$$

となる．微分を実行して，これが方程式(4.33)を満たすことを確かめてみよ．速度の時間変化を描けば，図 4.5 のようになる．

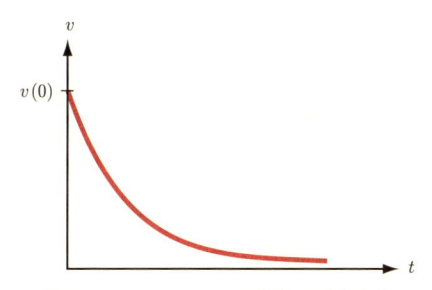

図 **4.5** 　ダンパーによる物体の速度変化

まとめ：指数関数の性質

1. 指数関数のグラフは図 4.6 のようになる．特に

$$\lim_{t\to-\infty}\mathrm{e}^t = 0, \quad \mathrm{e}^0 = 1, \quad \lim_{t\to+\infty}\mathrm{e}^t = +\infty \tag{4.35}$$

2. 指数法則は

$$\mathrm{e}^{t_1+t_2} = \mathrm{e}_1^t \cdot \mathrm{e}_2^t \tag{4.36}$$

と書かれる．

3. 指数関数の微分・積分は

$$\frac{\mathrm{d}}{\mathrm{d}t}\mathrm{e}^t = \mathrm{e}^t, \quad \int_{-\infty}^t \mathrm{e}^t \mathrm{d}t = \mathrm{e}^t \tag{4.37}$$

で与えられる．

図 4.6　指数関数 e^t

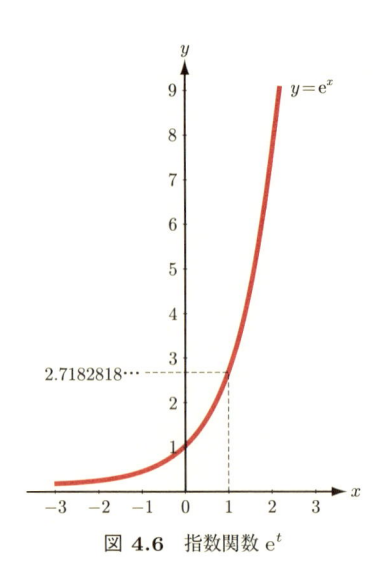

(b) 対数関数

みなさんは中学・高校で「常用対数」といって，対数の底が 10 の場合の対数関数 $\log_{10} x$ を教わったと思う．じつは，微分積分ではこれではなくて底として 85 ページのネピア定数 e をとったものが重要(かつ便利)になる．これを自然対数といい，$\log x$ のように底を省略して書き，ロガリスム・エックスあるいはログ・エックスと読む．本書では対数関数といえば，この自然対数のことを指す．お互いの換算には，底の変換

$$\log_{10} x = \frac{\log x}{\log 10} \qquad (\log 10 = 2.3025\cdots) \qquad (4.38)$$

を用いればよい．この関係は力学ではほとんど使うことがないが，他分野(化学や工学など)ではたまに必要となることがある．また，自然対数 $\log x$ を $\ln x$ と書く記法もあるが，本シリーズでは採用しない．

対数関数 $\log x$ は $x>0$ のときに実数値をとる関数で，その重要な性質としてつぎの対数法則がある．

4.4 減衰運動——指数関数と対数関数

> **対数法則**
> $$\log(x_1 x_2) = \log x_1 + \log x_2 \qquad (x_1, x_2 > 0) \tag{4.39}$$

すなわち，対数関数は「積を和に変える」のである．これは指数関数が「和を積に変える」(指数法則(4.31)式)のと対照的である．このことには理由があって，じつは指数関数と対数関数は，お互いに他方の逆関数となっているのである．

$$x = e^t \quad \Longleftrightarrow \quad t = \log x \tag{4.40}$$

このことから特に，$e^0 = 1$ より $\log 1 = 0$ という結果が得られる．たまに $\log 0 = 0$ とか $\log 0 = 1$ などと間違える人がいるので注意してほしい．

ここで，逆関数とその微分について一般的なことをまとめておこう．初めに逆関数の定義を書いておく．関数 $y = f(x)$ があるとき，その逆関数を $y = f^{-1}(x)$ と書くが，その意味は以下のとおりである．x が与えられたとき関係式 $x = f(y)$ を満たすような y を与える関数のことを，逆関数といって $y = f^{-1}(x)$ と書く．ちなみに，この逆関数と逆数関数 $f(x)^{-1} = 1/f(x)$ とを取り違える人が多いが，間違えないように．-1 を書く場所が違うと意味が全然変わるのである．逆関数の例をひとつだけあげておこう．2次関数 $y = x^2$ の逆関数は x, y を入れ換えた $x = y^2$ を解いて $y = \pm\sqrt{x}$ となる．この場合，逆関数は2価関数となっている(図4.7を参照)．

次に逆関数の微分法に関して，重要な性質を述べておこう．逆関数 $y = f^{-1}(x)$ の微分は，定義により

$$\frac{dy}{dx} = \lim_{h \to 0} \frac{f^{-1}(x+h) - f^{-1}(x)}{h} \tag{4.41}$$

である．ここで分子を $f^{-1}(x+h) - f^{-1}(x) = H$ とおけば，$y = f^{-1}(x)$ すなわち $f(y) = x$ を用いて式変形して，$y + H = f^{-1}(x+h)$ すなわち $f(y+H) = x+h$ となるので，上式は

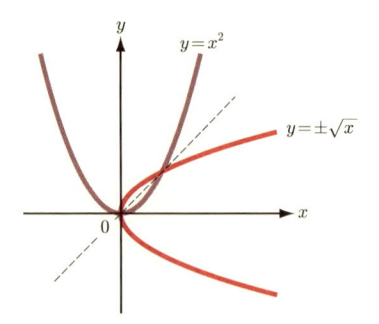

図 4.7 $y=x^2$ と $y=\pm\sqrt{x}$ は互いに逆関数. 両者は直線 $y=x$ に関して対称(折り返し)になっているが，これは逆関数の一般的な性質である

$$\lim_{H\to 0}\frac{H}{f(y+H)-f(y)}$$

となる．ここで $h\to 0$ のとき $H\to 0$ であることを用いた．この極限は関数 $f(y)$ の y 微分 $f'(y)$ の逆数 $1/f'(y)$ にほかならない．

逆関数の微分はもとの関数の微分の逆数

なのである．$f'(y)$ は関数 $x=f(y)$ の y 微分，すなわち dx/dy であるから，以上の結果は

$$\frac{dy}{dx}=\left(\frac{dx}{dy}\right)^{-1} \tag{4.42}$$

と，簡潔に表現することもできる．これはライプニッツの記号法の威力である．

さて以上の一般論を対数関数の微分を求めるのに使おう．$y=\log x$ とすると，$x=e^y$ であるから，この両辺を x で微分して

$$1=\frac{d}{dx}e^y=\frac{dy}{dx}\frac{d}{dy}e^y=\frac{dy}{dx}e^y=\frac{dy}{dx}x$$

ゆえに

$$\frac{dy}{dx}=\frac{1}{x}$$

となる．よって

$$\frac{\mathrm{d}}{\mathrm{d}x}\log x = \frac{1}{x} \tag{4.43}$$

を得る．

このことを積分の言葉でいえば，「関数 $1/x$ の原始関数(不定積分)は対数関数 $\log x$ である」となる．すなわち

$$\int^x \frac{\mathrm{d}x}{x} = \log x + C \tag{4.44}$$

を得る．あるいは，$\log 1=0$ を用いて，定積分

$$\int_1^x \frac{\mathrm{d}x}{x} = \log x \tag{4.45}$$

の形に書くこともできる．こうして，積分公式(4.13)

$$\int^x x^n \mathrm{d}x = \frac{x^{n+1}}{n+1} + C \qquad (n \neq -1)$$

で除外されていた，$n=-1$ の場合の積分が対数関数であることがわかった．

> **まとめ：対数関数の性質**
> 1. 自然対数 $\log x$ のグラフは図 4.8 のようになる．特に
>
> $$\lim_{x \to \infty} \log x = +\infty, \quad \log 1 = 0, \quad \lim_{x \to +0} \log x = -\infty \tag{4.46}$$
>
> 2. 対数法則は
>
> $$\log(x_1 x_2) = \log x_1 + \log x_2 \qquad (x_1, x_2 > 0) \tag{4.47}$$
>
> と書かれる．
> 3. 対数関数の微分・積分は
>
> $$\frac{\mathrm{d}}{\mathrm{d}x} \log x = \frac{1}{x}, \quad \int_1^x \frac{\mathrm{d}x}{x} = \log x \qquad (x > 0) \tag{4.48}$$
>
> で与えられる．

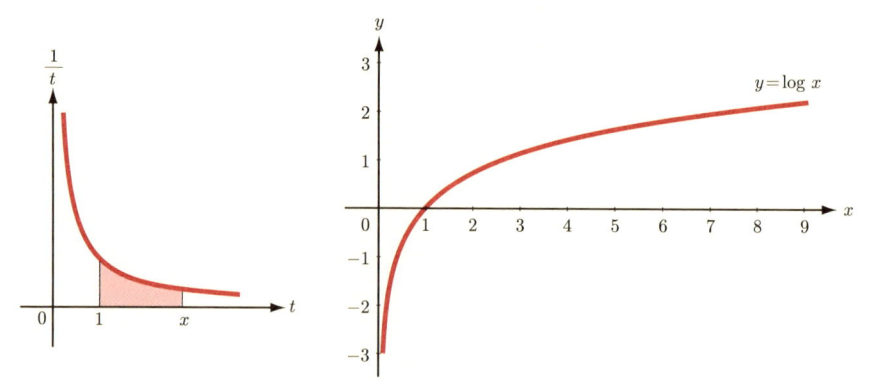

図 4.8 対数関数 $\log x$ は，双曲線 t^{-1} の $1 \leqq t \leqq x$ の面積である

対数関数の積分表示式において，積分の下限が 1 であることに注意．これを例えば 0 に間違える人がたまにいるのである．

例題 4.5　雨滴の運動

質量 m の雨滴が，速度に比例した抵抗力と重力のもとで落下している．このときの運動方程式は（鉛直下向きの速度を正にとって）

$$m\frac{\mathrm{d}v}{\mathrm{d}t} = -kv + mg \tag{4.49}$$

で与えられる．初期条件を $v(0)=0$ として，この微分方程式を解け．

解答　運動方程式 (4.49) を変形して，

$$\frac{\mathrm{d}v}{\mathrm{d}t} = -\frac{k}{m}\left(v - \frac{mg}{k}\right) \tag{4.50}$$

と書き直す．そこで $v - mg/k = u$ とおけば，

$$\frac{\mathrm{d}u}{\mathrm{d}t} = \frac{\mathrm{d}}{\mathrm{d}t}\left(v - \frac{mg}{k}\right) = \frac{\mathrm{d}v}{\mathrm{d}t} \quad \text{（定数の微分はゼロ）}$$

であるから，(4.50) は

4.4 減衰運動——指数関数と対数関数

$$\frac{\mathrm{d}u}{\mathrm{d}t} = -\frac{k}{m}u$$

となる．これはダンパーの微分方程式であるから，解は

$$u(t) = u(0)\,\mathrm{e}^{-kt/m}$$

である．ここで，初期条件 $u(0)=v(0)-mg/k=-mg/k$ により

$$u(t) = -\frac{mg}{k}\mathrm{e}^{-kt/m}$$

変数 v に戻すと

$$v(t) = u(t) + \frac{mg}{k} = \frac{mg}{k}\left(1 - \mathrm{e}^{-kt/m}\right) \tag{4.51}$$

を得る．図 4.9 からわかるように，$t\to\infty$ で，速度は $v\to v(\infty)=mg/k$ に漸近する．この速度を終端速度という．終端速度は式 (4.49) の右辺=0 からも求まる．雨粒は重力によりどんどん加速するのではなく，抵抗力の効果とつりあって一定速度で落下するようになるのである．例えば直径 1 mm の雨滴の場合，終端速度は約 30 m/s である．半径が大きくなると終端速度は大きくなるが，あまり大きくなると抵抗力は速度の 2 乗に比例するようになる．

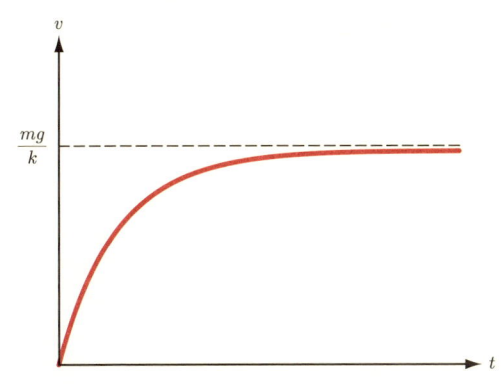

図 **4.9** 雨滴の落下速度は重力と抵抗力の効果がつりあう速度 mg/k に近づいていく

第 4 章 運動方程式を解く——積分法

参考 同じ問題を別の方法で解いてみよう．微分方程式(4.49)を書き直す．「分母」dt を払い，さらに両辺を $v-mg/k$ で割ると

$$\frac{dv}{v-mg/k} = -\frac{k}{m}dt \tag{4.52}$$

となる．左辺は v のみ，右辺は t のみであらわされているので，このような微分方程式を**変数分離形**という．この両辺に積分記号を付けて，上限・下限を合わせる．時刻 $t=0$ では速度 $v=0$，時刻 t では速度 v なので

$$\int_0^v \frac{dv}{v-mg/k} = -\int_0^t \frac{k}{m}dt$$

を得る．そこで両辺の定積分をそれぞれ実行すると

$$\left[\log\left(\frac{mg}{k}-v\right)\right]_0^v = -\frac{k}{m}t$$

となる．ここで対数の中を正にするためにわざと v の係数を負にしてある．初期条件 $v(0)=0$ だからである．左辺の v 微分を実行して，これが正しいことを確かめてほしい．積分の上限・下限を代入して

$$\log\left(\frac{mg-kv}{mg}\right) = -\frac{kt}{m} \implies \frac{mg-kv}{mg} = e^{-kt/m}$$

$$v(t) = \frac{mg}{k}\left(1-e^{-kt/m}\right)$$

を得る．微分方程式を変数分離形に直してから解く，このような解法を一般に**変数分離法**という．微分方程式の解法としてたいへん有効な方法のひとつである．

第4章 問題

問題 4.1 微分方程式

$$\frac{\mathrm{d}x}{\mathrm{d}t} = x, \quad x(0) = 1$$

の解を，ベキ級数の形に仮定する．

$$x(t) = a_0 + a_1 t + a_2 t^2 + \cdots = \sum_{n=0}^{\infty} a_n t^n$$

ただし，$t^0=1$ とする．これを問題の微分方程式に代入して，両辺の t^n の項を比較して，係数 a_n に対する漸化式

$$n \cdot a_n = a_{n-1}, \quad a_0 = 1$$

を導け．この漸化式を解いて $a_n=1/n!$，したがって解が

$$x(t) = \sum_{n=0}^{\infty} \frac{t^n}{n!}$$

となることを示せ．これは以下の等式を意味する．

$$\mathrm{e}^t = \sum_{n=0}^{\infty} \frac{t^n}{n!} = 1 + t + \frac{t^2}{2!} + \frac{t^3}{3!} + \cdots \tag{4.53}$$

これを指数関数の「マクローリン展開」という．

問題 4.2 微分方程式

$$\frac{\mathrm{d}^n x}{\mathrm{d}t^n} = 0 \quad (n \text{ は自然数})$$

を解け．積分定数はいくつあるか．

問題 4.3 ダンパーの微分方程式

$$\frac{\mathrm{d}v}{\mathrm{d}t} = -\frac{k}{m}v, \quad v(0) = v_0$$

の解 $v(t)=v_0\,\mathrm{e}^{-kt/m}$ を，関係式 $\mathrm{d}x/\mathrm{d}t=v$ に代入し，再度時間積分して，物体

の変位 $x(t)$ を求めよ．ただし初期位置を $x(0)=0$ とする．すなわち次の定積分を計算せよ．

$$x(t) = \int_0^t v(t)\mathrm{d}t = v_0 \int_0^t \mathrm{e}^{-kt/m}\mathrm{d}t$$

静止するまでの移動距離はいくらになるか？

問題 4.4 対数関数 $y = \log x\ (x>0)$ のグラフを，y 軸に関して対称に折り返して，偶関数 $y = \log |x|\ (x \neq 0)$ をつくる．

$$\frac{\mathrm{d}y}{\mathrm{d}x} = \frac{\mathrm{d}}{\mathrm{d}x}\log|x| = \frac{1}{x} \quad \Leftrightarrow \quad \int^x \frac{\mathrm{d}x}{x} = \log|x| + C$$

となることを確かめよ．

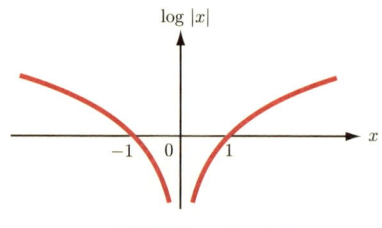

対数関数 $y = \log |x|$

問題 4.5 質量 m の物体が，速度の 2 乗に比例した抵抗力と重力のもとで，落下するときの運動方程式は

$$m\frac{\mathrm{d}v}{\mathrm{d}t} = -kv^2 + mg, \quad v(0) = 0$$

で与えられる．これを変数分離形に書き直すと

$$\int_0^v \frac{\mathrm{d}v}{v_\infty{}^2 - v^2} = \int_0^t \frac{k}{m}\mathrm{d}t \quad \left(v_\infty{}^2 \equiv \frac{mg}{k}\ \text{と置いた}\right)$$

となる．等式

$$\frac{1}{v_\infty{}^2 - v^2} = \frac{1}{2v_\infty}\left(\frac{1}{v_\infty + v} + \frac{1}{v_\infty - v}\right)$$

を代入して積分を実行し，解 $v(t)$ を求めよ．

問題 4.6 地上から物体を投げ上げ，高さ h まで到達する時間を t_1 とする．

その後，再び地上に戻るまでの時間を t_2 とするとき，h は初速とは無関係に

$$h = \frac{1}{2}gt_1t_2$$

で与えられることを示せ．ここで，高さ h の地点は最高到達点とは限らず，途中の任意の地点で問題の等式が成り立つことに留意せよ．また，地上に戻ってくる時間は，投げ上げの時刻から計れば t_1+t_2 としていることに注意.

第5章
さまざまな運動
周期運動

　バネに物体を付け平衡位置から少しずらして手を離すと，その物体は長い時間振動を続ける．自然界には，このような周期運動をする現象が非常にたくさんある．例えば，振り子時計・惑星の公転・発振回路などなど．本章では，このような周期現象を記述する運動方程式とその解法を考える．これによって，周期運動を記述する関数としての三角関数と，その微分積分の性質を学ぶことになる．周期運動は「力学の華」ともいうべき問題で，本巻最後のハイライトである．楽しみながらも，しっかり理解してもらいたい．

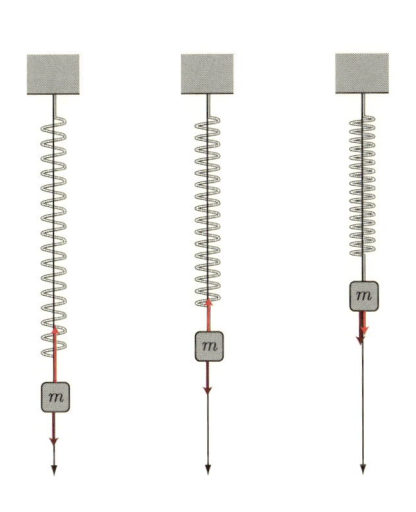

第 5 章　さまざまな運動——周期運動

バネに質量 m の物体を付け，平衡位置から少しずらして手を離すと，その物体は周期的に振動する．これを**単振動**という．単振動とは「単純な振動」という意味で，英語では harmonic oscillation=調和振動という．バネが自然長から伸び縮みしていると，復元力として変位 x に比例したフックの力 $f = -kx$ が働く．本書では，このバネにつながれた物体の運動を，簡単のため「バネの運動」とよぶ．このときの物体の運動方程式は

$$m\frac{\mathrm{d}^2 x}{\mathrm{d}t^2} = -kx \qquad (k = \text{バネ定数}) \tag{5.1}$$

で与えられる(図 5.1)．本章では，この微分方程式に関連した運動について考える．この問題を通して，数学的には三角関数の微分積分を扱うことになる．自然界にはさまざまな周期運動があるが，この問題はそれらを議論する際の基礎となるものであるから，しっかり学んでほしい．

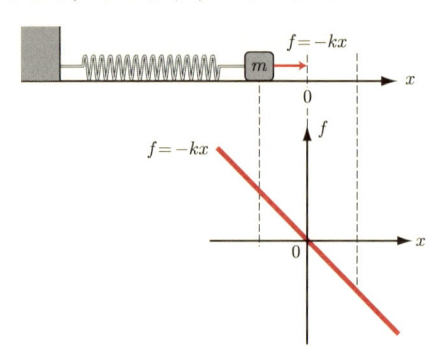

図 5.1　「バネの運動」とフックの法則

5.1　三角関数の微分

この節では，周期運動を考える準備として，三角関数の微分について，簡単に議論していく．三角関数の微分公式を求めるには，以下に与える基本不等式

と,それから得られる極限公式,および三角関数の加法公式を使う.

(a) 基本不等式

図 5.2 に描いた 3 つの図形の面積を比較すれば,明らかな不等式

$$\text{三角形 OAB} < \text{扇形 OAB} < \text{三角形 OAC} \tag{5.2}$$

が成り立つ.円の半径を 1,内角を h とすると,これらの面積はそれぞれ

$$\text{三角形 OAB} = \frac{1}{2}\cdot 1 \cdot 1 \sin h = \frac{1}{2}\sin h$$
$$\text{扇形 OAB} = \pi \cdot 1^2 \cdot \frac{h}{2\pi} = \frac{1}{2}h$$
$$\text{三角形 OAC} = \frac{1}{2}\cdot 1 \cdot 1 \tan h = \frac{1}{2}\tan h$$

であるから,式 (5.2) に代入すれば

$$\frac{1}{2}\sin h < \frac{1}{2}h < \frac{1}{2}\tan h \quad \Rightarrow \quad \sin h < h < \frac{\sin h}{\cos h}$$

となる.左右の不等式をそれぞれ少し変形する.

$$\sin h < h \quad \Rightarrow \quad \frac{\sin h}{h} < 1$$
$$h < \frac{\sin h}{\cos h} \quad \Rightarrow \quad \cos h < \frac{\sin h}{h}$$

Robert Hooke (1635-1703)
イギリスの物理学者,天文学者.1678 年の著書で,現在フックの法則とよばれる法則を与えた.自ら改良した顕微鏡を用いて植物の細胞構造を報じた著書『ミクログラフィア』(1667) でも知られている.光の本性を波動と考え,光を粒子と考えたニュートンと論争した.数々の業績を残したが,生前に描かれた確かな肖像画は残っていない.近年発見された左の肖像画は,フックである可能性が高いと言われていたが,別人とする反論が出され議論になっている.

フック?

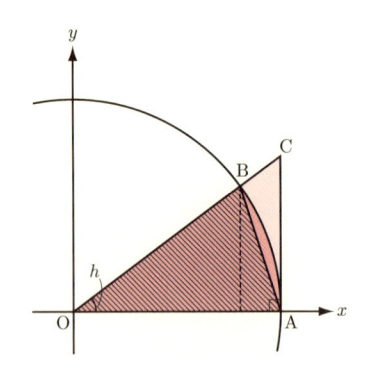

図 **5.2** 不等式 $\sin h < h < \tan h$ の成立

よって基本不等式

$$\cos h < \frac{\sin h}{h} < 1 \tag{5.3}$$

を得る．

(**b**) 極限公式

上記の不等式 (5.3) で極限 $h\to 0$ をとれば，左辺（下限）の $\cos h \to 1$ なので，下限・上限ともに 1 となり

$$\lim_{h \to 0} \frac{\sin h}{h} = 1 \tag{5.4}$$

という極限公式を得る．このような「はさみうち」によって極限を求める方法は，古くはアルキメデスによって愛用されたという．

(**c**) 三角関数の微分

以上の準備のもとで，三角関数の微分公式を導く．まずは $\sin\phi$ の微分から．定義により

$$\frac{\mathrm{d}}{\mathrm{d}\phi}\sin\phi = \lim_{h \to 0} \frac{\sin(\phi+h) - \sin\phi}{h} \tag{5.5}$$

である．三角関数の加法公式 (2.24)（第 2 章参照）

5.1 三角関数の微分

$$\sin(\phi + h) = \sin\phi \cos h + \cos\phi \sin h$$

を代入して，少し変形すれば (5.5) 式の右辺は

$$\lim_{h \to 0} \left(\cos\phi \, \frac{\sin h}{h} - \sin\phi \, \frac{1 - \cos h}{h} \right)$$

となる．ここで第 1 項は上記の極限公式がそのまま使える．第 2 項は，公式 $1 - \cos h = 2\sin^2(h/2)$ を使えば

$$\lim_{h \to 0} \frac{1 - \cos h}{h} = \lim_{h \to 0} \frac{h}{2} \left(\frac{\sin(h/2)}{h/2} \right)^2 = 0$$

となる．以上から，三角関数の微分公式

$$\frac{\mathrm{d}}{\mathrm{d}\phi} \sin\phi = \cos\phi \tag{5.6}$$

を得る．

同様にして $\cos\phi$ の微分もコサインの加法公式を用いて示すことができるが，別法として関係式

$$\cos\phi = \sin\left(\phi + \frac{\pi}{2}\right)$$

を利用して

$$\begin{aligned}\frac{\mathrm{d}}{\mathrm{d}\phi} \cos\phi &= \frac{\mathrm{d}}{\mathrm{d}\phi} \sin\left(\phi + \frac{\pi}{2}\right) \\ &= \cos\left(\phi + \frac{\pi}{2}\right) = -\sin\phi \end{aligned} \tag{5.7}$$

とするのも良いアイデアである．

さらに商の微分公式 (章末問題 1.4) を使えば

$$\frac{\mathrm{d}}{\mathrm{d}\phi} \tan\phi = \frac{1}{\cos^2\phi} \tag{5.8}$$

となる．右辺の関数を $\sec^2\phi$ と書くこともある ($\sec\phi = 1/\cos\phi$ で「セカントファイ」と読む)．

以上の結果をまとめておこう．

> **三角関数の微分公式**
>
> $$\frac{\mathrm{d}}{\mathrm{d}\phi}\sin\phi = \cos\phi,$$
>
> $$\frac{\mathrm{d}}{\mathrm{d}\phi}\cos\phi = -\sin\phi, \tag{5.9}$$
>
> $$\frac{\mathrm{d}}{\mathrm{d}\phi}\tan\phi = \sec^2\phi$$

(d) **置換積分**——三角関数を定積分に利用する

定積分

$$\int_a^b f(x)\mathrm{d}x$$

を直接に求めるのが難しいとき，「うまい変数変換 $x=\phi(t)$ を見つけると計算が簡単になる」ことがある．この変数変換によって

$$\frac{\mathrm{d}x}{\mathrm{d}t} = \phi'(t) \qquad (\phi'(t) \text{ は } \phi(t) \text{ の } t \text{ 微分})$$

であるから，$a \leqq x \leqq b$ のとき $a=\phi(\alpha), b=\phi(\beta)$ とすると

$$\int_a^b f(x)\mathrm{d}x = \int_\alpha^\beta f(\phi(t))\phi'(t)\mathrm{d}t \tag{5.10}$$

と変換される．これを**置換積分**という．置換積分はライプニッツの記法で書けば

$$\int f(x)\mathrm{d}x = \int f(x(t))\frac{\mathrm{d}x}{\mathrm{d}t}\mathrm{d}t \tag{5.11}$$

という「あたりまえの変形」をやっているにすぎないのであるが，ときおり積分の上限と下限を対応する「変換後のものに変える」のを忘れる人がいるので注意してほしい．

5.2 バネの運動を解く

例題 5.1　定積分
$$I = \int_0^1 \frac{\mathrm{d}x}{\sqrt{1-x^2}}$$
を，置換 $x=\sin\phi$ によって計算せよ．

解答　三角関数の微分公式
$$\frac{\mathrm{d}x}{\mathrm{d}\phi} = \frac{\mathrm{d}}{\mathrm{d}\phi}\sin\phi = \cos\phi \tag{5.12}$$
を使えば，
$$I = \int_0^1 \frac{\mathrm{d}x}{\sqrt{1-x^2}} = \int_0^{\pi/2} \frac{\cos\phi\,\mathrm{d}\phi}{\sqrt{1-\sin^2\phi}} = \int_0^{\pi/2} \mathrm{d}\phi = \frac{\pi}{2}$$
と計算される．

関係式 (5.12) は，
$$\frac{\mathrm{d}x}{\mathrm{d}\phi} = \cos\phi = \sqrt{1-x^2} \quad (x = \sin\phi)$$
と書き直されるので，これは不定積分の公式
$$\int_0^x \frac{\mathrm{d}x}{\sqrt{1-x^2}} = \sin^{-1} x \tag{5.13}$$
を意味している．ここで，$\sin^{-1} x$（アークサイン・エックス）は，サインの逆関数で，$x=\sin\phi$ となるような ϕ ($|\phi|\leqq\pi/2$) のことである．このように，三角関数を使うと，複雑な定積分でも容易に計算できる場合がある．

5.2　バネの運動を解く

(a) 単振動

数学的な準備が終ったので，これからバネの運動を解いていこう．図 5.3 のようになめらかな水平面上におかれたバネに質量 m の物体がついているとす

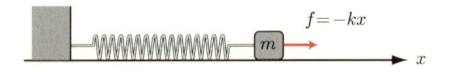

図 **5.3** なめらかな水平面上におかれた「バネの運動」

る．

運動方程式は，

$$m\frac{d^2x}{dt^2} = -kx \tag{5.14}$$

である．あるいは $\omega^2 = k/m$ として

$$\frac{d^2x}{dt^2} = -\omega^2 x \tag{5.15}$$

と書き直すこともできる．以下では，2階の微分方程式(5.15)を解く問題を考え，その一般解が三角関数で与えられることを示そう．

単振動の微分方程式

$$\frac{d^2x}{dt^2} = -\omega^2 x$$

は $\phi = \omega t$ ($\omega > 0$) とおけば

$$\frac{d^2x}{d\phi^2} = -x \tag{5.16}$$

と書き直される．このような変形を「無次元化」という（$\phi = \omega t$ は無次元）．

そこで前節の三角関数の微分公式を思い起こせば，上の微分の性質「2回微分すると，元に戻って符号が変わる」は，$\sin\phi$, $\cos\phi$ の持つ性質にほかならないことに気がつく．実際

$$\begin{aligned}\frac{d^2}{d\phi^2}\sin\phi &= \frac{d}{d\phi}\cos\phi = -\sin\phi \\ \frac{d^2}{d\phi^2}\cos\phi &= -\frac{d}{d\phi}\sin\phi = -\cos\phi\end{aligned} \tag{5.17}$$

となっている．

したがって，微分方程式(5.15)の一般解は

$$x(t) = A\cos\phi + B\sin\phi = A\cos(\omega t) + B\sin(\omega t) \qquad (5.18)$$

で与えられることがわかる．運動方程式(5.15)が2階の微分方程式であったから，任意定数も2つあらわれた．積分定数 A, B は，例えば初期条件 $x(0)$, $\dot{x}(0)$（初期変位と初速度）を使えば

$$x(t) = A\cos(\omega t) + B\sin(\omega t) \quad \Longrightarrow \quad x(0) = A$$
$$\dot{x}(t) = -A\omega\sin(\omega t) + B\omega\cos(\omega t) \quad \Longrightarrow \quad \dot{x}(0) = B\omega$$

と決まり，解は

$$x(t) = x(0)\cos(\omega t) + \frac{\dot{x}(0)}{\omega}\sin(\omega t) \qquad (5.19)$$

と書くことができる．

別解：積分によって解く　簡単のため $\omega=1$ として，運動方程式

$$\ddot{x} = -x$$

を使うと，

$$\frac{\mathrm{d}}{\mathrm{d}t}(\dot{x}^2 + x^2) = 2\dot{x}(\ddot{x} + x) = 0$$

が成り立つので，$\dot{x}^2 + x^2 =$ 一定 ($=a^2$ とする) となる．よって，$(\mathrm{d}x/\mathrm{d}t)^2 = a^2 - x^2$ から

$$\int^t \mathrm{d}t = \int^x \frac{\mathrm{d}t}{\mathrm{d}x}\mathrm{d}x = \pm\int^x \frac{\mathrm{d}x}{\sqrt{a^2 - x^2}}$$

を得る．右辺の積分は，置換 $x = a\sin\theta$ によって簡単化されて，その結果は $\theta = \sin^{-1}(x/a)$ となる．したがって，解は

$$t + t_0 = \sin^{-1}\left(\frac{x}{a}\right)$$
$$\Longrightarrow \quad x(t) = a\sin(t + t_0) = A\cos t + B\sin t \qquad (5.20)$$

である．ここで t_0 は積分定数で，$A = a\sin t_0$, $B = a\cos t_0$ と置いた．

第5章 さまざまな運動——周期運動

例題 5.2 鉛直に下げたバネの運動

バネを鉛直に下げると,物体にはフックの力のほかに重力も働くから運動方程式は

$$m\frac{\mathrm{d}^2 x}{\mathrm{d}t^2} = -kx + mg \tag{5.21}$$

となる(図 5.4).右辺各項の符号と力の向きとの対応に注意.この微分方程式を解け.

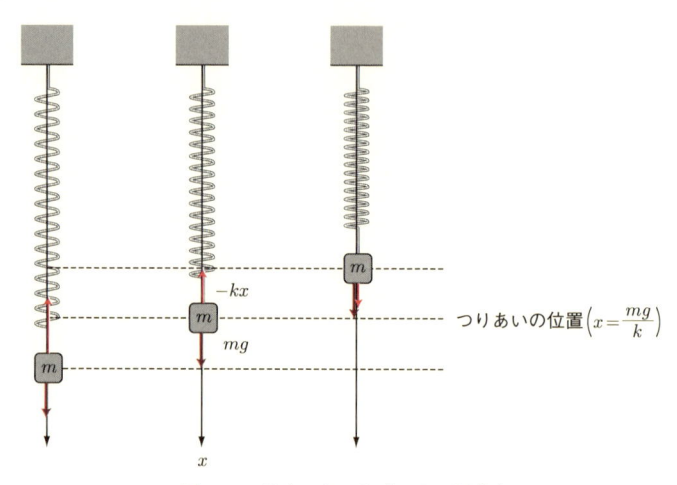

図 **5.4** 鉛直においた「バネの運動」

解答 右辺を式変形して

$$\frac{\mathrm{d}^2 x}{\mathrm{d}t^2} = -\omega^2\left(x - \frac{mg}{k}\right) \quad \left(\omega^2 = \frac{k}{m}\right)$$

と書けば,変数変換 $y = x - mg/k$ によって

$$\frac{\mathrm{d}^2 y}{\mathrm{d}t^2} = -\omega^2 y$$

となることがわかる($\mathrm{d}^2 y/\mathrm{d}t^2 = \mathrm{d}^2 x/\mathrm{d}t^2$ に注意:定数の微分はゼロ).

したがって，解は
$$y(t) = y(0)\cos(\omega t) + \frac{\dot{y}(0)}{\omega}\sin(\omega t)$$
となる．もとの変数に戻せば，$y(0)=x(0)-mg/k$，$\dot{y}(0)=\dot{x}(0)$ であるから
$$x(t) = \frac{mg}{k} + \left(x(0) - \frac{mg}{k}\right)\cos(\omega t) + \frac{\dot{x}(0)}{\omega}\sin(\omega t)$$
とあらわされる．すなわち，新しい平衡位置 mg/k を中心にした単振動をするのである．

(b) 減衰振動

今度は，速度に比例した抵抗力が働く場合のバネの振動を考えよう．この場合の運動方程式は，抵抗力の比例係数を ξ として
$$m\frac{\mathrm{d}^2 x}{\mathrm{d}t^2} = -\xi\frac{\mathrm{d}x}{\mathrm{d}t} - kx \tag{5.22}$$
で与えられる．ここで $\xi=2m\gamma$，$k=m\omega^2$ とおけば
$$m\frac{\mathrm{d}^2 x}{\mathrm{d}t^2} = -2m\gamma\frac{\mathrm{d}x}{\mathrm{d}t} - m\omega^2 x \tag{5.23}$$
とも書ける．式(5.23)は，右辺を左辺に移して整理すると
$$\left(\frac{\mathrm{d}^2}{\mathrm{d}t^2} + 2\gamma\frac{\mathrm{d}}{\mathrm{d}t} + \omega^2\right)x(t) = 0$$
と書ける．ここで，左辺が
$$\left(\left(\frac{\mathrm{d}}{\mathrm{d}t} + \gamma\right)^2 + \omega^2 - \gamma^2\right)x(t) = 0 \tag{5.24}$$
と変形されることに注意しよう．これは2次式の変形
$$s^2 + 2\gamma s + \omega^2 = (s+\gamma)^2 + \omega^2 - \gamma^2$$
の場合とまったく同じことである．さて，ここで置換

第5章 さまざまな運動——周期運動

$$x(t) = \mathrm{e}^{-\gamma t} y(t) \tag{5.25}$$

を行なう．このとき

$$\begin{aligned}
\frac{\mathrm{d}}{\mathrm{d}t} x(t) &= \frac{\mathrm{d}}{\mathrm{d}t} \left(\mathrm{e}^{-\gamma t} y(t) \right) \\
&= \mathrm{e}^{-\gamma t} \left(-\gamma y(t) + \frac{\mathrm{d}}{\mathrm{d}t} y(t) \right) \\
&= -\gamma x(t) + \mathrm{e}^{-\gamma t} \frac{\mathrm{d}}{\mathrm{d}t} y(t)
\end{aligned}$$

となる(積の微分公式)ことに注意しよう．したがって，右辺の第1項を左辺に移項して，等式

$$\left(\frac{\mathrm{d}}{\mathrm{d}t} + \gamma \right) x(t) = \mathrm{e}^{-\gamma t} \frac{\mathrm{d}}{\mathrm{d}t} y(t)$$

が成り立つ．これを再度くり返すと

$$\begin{aligned}
\left(\frac{\mathrm{d}}{\mathrm{d}t} + \gamma \right)^2 x &= \left(\frac{\mathrm{d}}{\mathrm{d}t} + \gamma \right) \left(\mathrm{e}^{-\gamma t} \frac{\mathrm{d}y}{\mathrm{d}t} \right) \\
&= \mathrm{e}^{-\gamma t} \left(-\gamma \frac{\mathrm{d}y}{\mathrm{d}t} + \frac{\mathrm{d}^2 y}{\mathrm{d}t^2} + \gamma \frac{\mathrm{d}y}{\mathrm{d}t} \right) \\
&= \mathrm{e}^{-\gamma t} \frac{\mathrm{d}^2 y}{\mathrm{d}t^2}
\end{aligned} \tag{5.26}$$

という関係を得る．y の1階微分の項が打ち消しあうことに注意してほしい．

この関係式(5.26)を，もとの微分方程式(5.24)に使うと，

$$\left(\left(\frac{\mathrm{d}}{\mathrm{d}t} + \gamma \right)^2 + \omega^2 - \gamma^2 \right) x = 0$$

は

$$\mathrm{e}^{-\gamma t} \left(\frac{\mathrm{d}^2 y}{\mathrm{d}t^2} + (\omega^2 - \gamma^2) y \right) = 0$$

となる．したがって，$y(t)$ は

$$\frac{\mathrm{d}^2 y}{\mathrm{d}t^2} = -(\omega^2 - \gamma^2) y \tag{5.27}$$

という微分方程式を満たすことがわかる．これは単振動の微分方程式である！

よって，$\omega>\gamma>0$ の場合と $\gamma>\omega>0$ の場合の 2 つに場合分けすれば，解は以下のように求められる．

(**1**) $\omega>\gamma>0$ の場合

$\Omega=\sqrt{\omega^2-\gamma^2}$ と置く．一般解は A, B を定数として

$$y(t) = A\cos(\Omega t) + B\sin(\Omega t)$$

$x(t)=\mathrm{e}^{-\gamma t}y(t)$ に直せば

$$x(t) = \mathrm{e}^{-\gamma t}\left(A\cos(\Omega t) + B\sin(\Omega t)\right) \tag{5.28}$$

で与えられる．すなわち，$x(t)$ は振動しながら減衰していく．これを**減衰振動** (damped oscillation) という (図 5.5)．ブランコでこぐのをやめると，この運動がみられる．

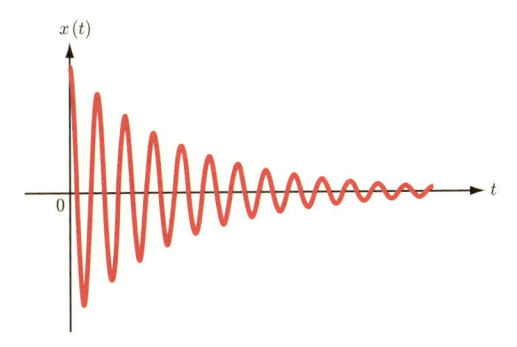

図 **5.5** 減衰振動

(**2**) $\gamma>\omega>0$ の場合

$\Gamma=\sqrt{\gamma^2-\omega^2}$ と置いて，一般解は A, B を定数として

$$y(t) = A\mathrm{e}^{\Gamma t} + B\mathrm{e}^{-\Gamma t}$$

$x(t)=\mathrm{e}^{-\gamma t}y(t)$ に直せば

第5章 さまざまな運動——周期運動

$$x(t) = e^{-\gamma t}\left(A e^{\Gamma t} + B e^{-\Gamma t}\right)$$
$$= A e^{-(\gamma - \sqrt{\gamma^2 - \omega^2})t} + B e^{-(\gamma + \sqrt{\gamma^2 - \omega^2})t} \tag{5.29}$$

で与えられる．この場合は，2つの項がともに減衰していくので，振動は見られないことになる．このような場合は**過減衰**という (図 5.6)．

なお，$\omega = \gamma$ のときは，(5.27)は $d^2 y/dt^2 = 0$ となるので，$y(t) = At + B$ が一般解となる．よって，(5.25)に代入して $x(t) = e^{-\gamma t}(At + B)$ を得る．

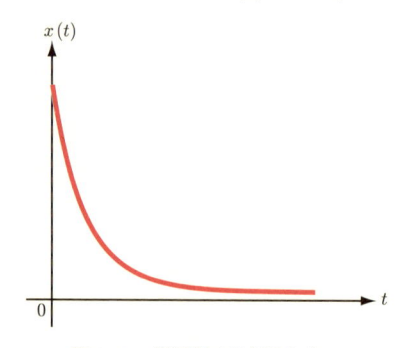

図 **5.6** 過減衰では振動しない

(c) 減衰振動の解き方 2——特性方程式の方法

微分方程式

$$\left(\frac{d^2}{dt^2} + 2\gamma \frac{d}{dt} + \omega^2\right)x(t) = 0$$

の解は，以下のようにしても求められる．解を $x(t) = e^{st}$ の形に仮定すると，

$$\left(\frac{d^2}{dt^2} + 2\gamma \frac{d}{dt} + \omega^2\right)e^{st} = \left(s^2 + 2\gamma s + \omega^2\right)e^{st}$$

であるから，s として2次方程式

$$s^2 + 2\gamma s + \omega^2 = 0 \tag{5.30}$$

を満たすようなものに選べば，$x = e^{st}$ は微分方程式の解である．よって，

5.2 バネの運動を解く

$$s_{1,2} = \begin{cases} -\gamma \pm i\sqrt{\omega^2 - \gamma^2} & (\omega > \gamma > 0) \\ -\gamma \pm \sqrt{\gamma^2 - \omega^2} & (\gamma > \omega > 0) \end{cases} \quad (5.31)$$

として($i=\sqrt{-1}$ は虚数単位とよばれ，$i^2 = -1$ となる)，

$$x(t) = A e^{s_1 t} + B e^{s_2 t} \quad (A, B = 定数) \quad (5.32)$$

が，微分方程式の一般解となる．これらは，すでに求めたものと一致している．ただし，$\omega > \gamma$ の場合は，オイラーの公式(章末問題 5.6)

$$e^{i\theta} = \cos\theta + i\sin\theta \quad (5.33)$$

を使って，サイン・コサインで書き直す．すなわち $\Omega = \sqrt{\omega^2 - \gamma^2}$ と書けば

$$x(t) = A e^{-(\gamma - i\Omega)t} + B e^{-(\gamma + i\Omega)t}$$

$A+B=A'$, $i(A-B)=B'$ として

$$x(t) = e^{-\gamma t}\left(A'\cos(\Omega t) + B'\sin(\Omega t)\right) \quad (5.34)$$

を使うのである．複素数 A, B を適当に選べば，A', B' は任意の実数にすることができる．

多項式(5.30)のような方程式を特性方程式という．このような解法は，定数係数の線形微分方程式の解を求める有力な方法のひとつである．

> **コラム** 線形微分方程式
>
> ここで議論している
>
> $$\left(\frac{d^2}{dt^2} + 2\gamma\frac{d}{dt} + \omega^2\right)x(t) = 0$$
>
> のように，未知関数 $x(t)$ に微分演算を施したものがゼロになる，という形の微分方程式を線形斉次微分方程式という．ここで「線形」とは $x(t)$ の 1 次の

項しか含まないことを意味する．また「斉次」(homogenous)とは，右辺がゼロの場合を意味し，ゼロでない場合は非斉次という．非斉次の場合の取り扱いは，章末問題 5.4, 5.5 の強制振動の問題で議論する．

このほか，すでに登場したダンパーの方程式

$$m\frac{dv}{dt} = -kv$$

なども線形斉次微分方程式の例である．一方で

$$m\frac{dv}{dt} = -kv^2$$

などは線形ではない．

微分方程式が線形斉次の場合には「解の重ね合わせ」ができる．すなわち，$x_1(t), x_2(t)$ が解であれば，A, B を定数として $x(t) = Ax_1(t) + Bx_2(t)$ も解となる．このことは $x(t)$ を直接に代入し，微分演算の線形性を使えば確かめられる．

5.3 2次元調和振動

質量 m の物体がなめらかな平面上を，原点からの距離に比例したフックの力を受けて運動する場合の2次元的運動を調べよう．これを2次元調和振動とよぶ．このときの運動方程式は

$$m\frac{d^2\boldsymbol{r}}{dt^2} = -k\boldsymbol{r} \quad \Rightarrow \quad \frac{d^2\boldsymbol{r}}{dt^2} = -\omega^2\boldsymbol{r} \quad \left(\omega^2 = \frac{k}{m}\right) \quad (5.35)$$

と書かれる．これを成分に分けて考えれば，2つの「1次元バネの問題」になるのであるが，ここではベクトル記法を用いて2次元のまま考えてみよう．

このベクトル型微分方程式は，1次元のときの(5.15)をベクトル化しただけであり，その一般解も，(5.18)と似た形式の

$$\boldsymbol{r}(t) = \boldsymbol{A}\cos(\omega t) + \boldsymbol{B}\sin(\omega t) \quad (\boldsymbol{A}, \boldsymbol{B} \text{ は定数ベクトル}) \quad (5.36)$$

で与えられる．実際に右辺を時間について2回微分すれば，運動方程式(5.35)

を満たすことが，容易に確かめられる．

積分定数(ベクトル) $\boldsymbol{A}, \boldsymbol{B}$ は，初期条件から次のように決められる．

$$\boldsymbol{A} = \boldsymbol{r}(0), \quad \boldsymbol{B} = \frac{\dot{\boldsymbol{r}}(0)}{\omega} \tag{5.37}$$

例題 5.3 　2次元調和振動において，初期条件が

$$\boldsymbol{r}(0) = (a, 0), \qquad \dot{\boldsymbol{r}}(0) = (0, b\omega)$$

であったとする．このときの変位ベクトル $\boldsymbol{r}=(x,y)$ を時間の関数として具体的に計算せよ．また，時間変数を消去して軌道の式を求めよ．

解答 　(5.37)に上式を代入すれば

$$\boldsymbol{A} = (a, 0), \quad \boldsymbol{B} = \frac{\dot{\boldsymbol{r}}(0)}{\omega} = (0, b)$$

となるから，変位は

$$\boldsymbol{r}(t) = (x, y) = (a\cos(\omega t),\ b\sin(\omega t))$$

と計算される．よって，軌道は

$$\frac{x^2}{a^2} + \frac{y^2}{b^2} = \cos^2(\omega t) + \sin^2(\omega t) = 1 \tag{5.38}$$

すなわち，一般には原点を中心とした楕円となることがわかる(図5.7)．

特に $b=a$ のときは，円運動となり，

$$\boldsymbol{r}(t) = (a\cos(\omega t),\ a\sin(\omega t)),$$

$$\boldsymbol{v}(t) = \dot{\boldsymbol{r}}(t) = (-a\omega\sin(\omega t),\ a\omega\cos(\omega t))$$

となる．実際に変位 $\boldsymbol{r}(t)$ の微分を実行して，速度ベクトルの式を確かめよ．これらの式は，すでに第2章で登場していたものである．角速度 ω で等速円

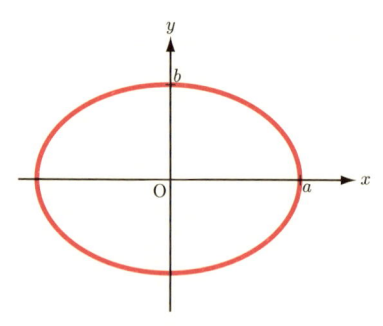

図 5.7 2次元調和振動の軌道は一般に楕円となる

運動する物体の位置ベクトル $\boldsymbol{r}$ は，半径 $r=|\boldsymbol{r}|=$ 一定 の制限付きの運動方程式 (5.35) にしたがうのである．逆に，運動方程式 (5.35) の解は，必ずしも円運動とは限らず一般に楕円軌道を描くことはおもしろい．

コラム 運動から力は一意的に決まるか？

『力学 II』第 8 章でみるように，距離の 2 乗に反比例する万有引力のもとでの惑星運動 (ケプラー運動) の場合も，その軌道は一般に楕円となる．この意味で，軌道だけを見ていたのでは，2 次元調和振動とケプラー運動の区別はつかない．しかしながら，物体に働く引力の方向を調べれば両者の違いがわかる．すなわち，調和振動の場合には引力は楕円の中心に向かうのに対して，ケプラー運動の場合には楕円の焦点 (の 1 つ) に向かう．

また，軌道の公転周期 T を比べると，2 次元調和振動の場合は $T=2\pi/\omega$ で軌道のサイズによらず一定であるのに対して，ケプラー運動の場合は $T=Ca^{3/2}$ ($C=$定数) のように軌道の長半径 a に依存する (ケプラーの第 3 法則)．よって，1 つではなくいくつかの軌道を調べれば違いが見えてくる．

以上のことから，一般に運動 (軌道) から (物体に働く) 力は一意的には決まらないことがわかる．どれだけの情報があれば力を一意的に決められるかは，逆問題とよばれる難問で，適当な仮定のもとで解答が得られているにすぎない．見かけの現象が同じだからといって，背後にある物理が同じとはかぎらないのである．

5.3 2次元調和振動

円錐振り子――円運動

前項で,物体が2次元調和振動するとき,その加速度ベクトルは中心(＝原点)方向に向かい,

$$\frac{\mathrm{d}^2 \boldsymbol{r}}{\mathrm{d}t^2} = -\omega^2 \boldsymbol{r} \tag{5.39}$$

で与えられることを見た.そして,その解には特別な場合として円運動も含まれることがわかった.

ここでは,円運動のさらなる例として,円錐振り子について考察してみよう.円錐振り子というのは,図5.8のように支点から長さ ℓ のひもでつるされた質量 m の物体が,円錐の底面の縁上を円運動する場合をいう.

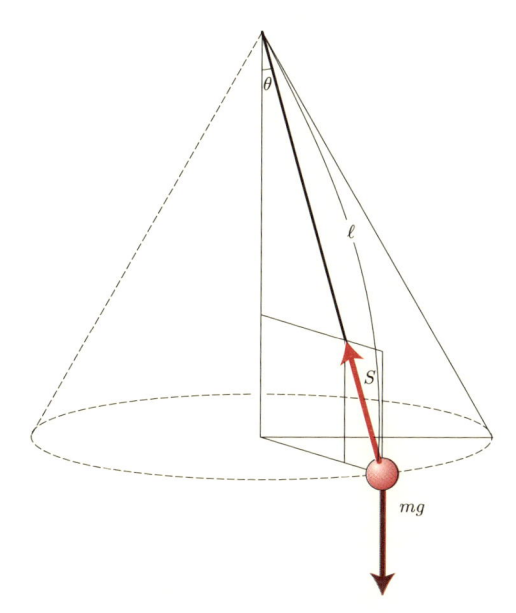

図 **5.8** 円錐振り子にはたらく力

第 5 章 さまざまな運動——周期運動

例題 5.4 円錐の頂角を θ とすれば，底面の円の半径は $a=\ell\sin\theta$ となる．円運動の角速度を ω として運動方程式を書けば

$$m\frac{\mathrm{d}^2\bm{r}}{\mathrm{d}t^2} = -m\omega^2\bm{r}$$

となる．頂角 θ と角速度 ω の関係を求めよ．

解答 $\bm{r}=(a\cos(\omega t), a\sin(\omega t))$ で，右辺の力は張力 S の水平成分から生じるので

$$S\sin\theta = ma\omega^2$$

の関係が成り立つ．一方で，鉛直方向には，力のつりあいから

$$mg = S\cos\theta$$

が成り立つ．

以上から，S, a を消去すると

$$\omega^2 = \frac{S}{m}\cdot\frac{\sin\theta}{a} = \frac{g}{\cos\theta}\cdot\frac{\sin\theta}{\ell\sin\theta}$$
$$= \frac{g}{\ell\cos\theta}$$

よって，

$$\omega = \sqrt{\frac{g}{\ell\cos\theta}}$$

となる．この結果から，頂角を大きくするには，円運動の角速度 ω を大きくしなくてはならないことがわかる．これは，ひもの先にボールを付けて回すときに，経験したことがあるに違いない．

まとめ：円運動
1. 等速円運動では，速度は円の接線方向を向いている．また加速度は円の中心方向を向いている．このことは円運動を引き起こす力が円の中心方向を向いていることを意味している．これを向心力あるいは中心力という．
2. 円運動のいろいろな量の大きさの間の関係をまとめておこう．円運動の角速度を ω，半径を r，速度の大きさを v，加速度の大きさを a とすると

$$v = r\omega, \quad a = r\omega^2 = \frac{v^2}{r} \tag{5.40}$$

などとなる．これらの関係は高校物理で教わったことと思う．

第 5 章　さまざまな運動——周期運動

第5章 問　題

問題 5.1　次の定積分公式を，指定された置換積分によって計算せよ．
(1)　$I = \int_0^1 \dfrac{\mathrm{d}x}{1+x^2} = \dfrac{\pi}{4}, \quad x = \tan\phi$
(2)　$I = \int_a^b \dfrac{\mathrm{d}x}{\sqrt{(x-a)(b-x)}} = \pi, \quad x = a\cos^2\phi + b\sin^2\phi$

問題 5.2　半径 r，周期 T の円運動について，以下の量を r, T を用いてあらわせ．
(1) 角速度 ω，(2) 速度 v，(3) 加速度 a

問題 5.3　長さ ℓ のひもの先に質量 m のおもりをつけた振り子の運動を考えよう．最下端からの変位は $\ell\phi$ で，図の接線方向の力は $mg\sin\phi$ であるから，接線方向の運動方程式は

$$m\ell \dfrac{\mathrm{d}^2\phi}{\mathrm{d}t^2} = -mg\sin\phi$$

で与えられる．これが振り子の運動方程式である．角度 ϕ が小さいとき（微小振動）は，$\sin\phi \sim \phi$ と近似できるから

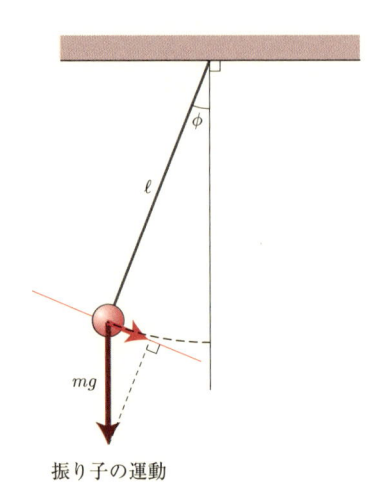

振り子の運動

$$m\ell \frac{\mathrm{d}^2\phi}{\mathrm{d}t^2} = -mg\phi \implies \frac{\mathrm{d}^2\phi}{\mathrm{d}t^2} = -\omega^2\phi \quad \left(\omega = \sqrt{\frac{g}{\ell}}\right)$$

としてよい．これを解いて，振り子の周期 T を求めよ．

問題 5.4 フックの力のほかに外力もはたらいている場合の単振動の問題を，一般に強制振動という．外力として固有振動数 ω とは異なる Ω で振動する外力が作用する場合の運動を考える．このときの微分方程式

$$\frac{\mathrm{d}^2 x}{\mathrm{d}t^2} = -\omega^2 x + \frac{F}{m}\cos(\Omega t)$$

を解け．

(ヒント) まず $x(t) = C\cos(\Omega t)$ の形の特別解を求めよ (代入して係数 C を決める)．一般解は，これに $A\cos(\omega t) + B\sin(\omega t)$ を加えたもので与えられることを確かめよ．

問題 5.5 前問と同じ設定で，さらに抵抗力も働いている場合

$$\frac{\mathrm{d}^2 x}{\mathrm{d}t^2} + 2\gamma\frac{\mathrm{d}x}{\mathrm{d}t} + \omega^2 x = \frac{F}{m}\cos(\Omega t)$$

を考える．特別解を $x(t) = C\cos(\Omega t) + D\sin(\Omega t)$ と置き，この微分方程式に代入して，係数 C, D を決定せよ．

> **余談** **共鳴** 問題 5.4 で，$\Omega = \omega$ のときは係数 C が無限大になる．これは外部振動数が固有振動数に同期して，振幅が際限なく増大するからである．これを共鳴 (resonance) という．ブランコをこぐときは，共鳴効果を利用している．一方で問題 5.5 のように抵抗力があれば，係数 C, D は $\Omega = \omega$ でも発散しない．
>
> 共鳴現象は，日常でよく経験するばかりでなく，学問的にも ESR (電子スピン共鳴) や NMR (核磁気共鳴) などの物性実験に利用されている．とくに後者は病院の MRI (磁気共鳴イメージング) 装置として実用化されている．

問題 5.6 オイラーの公式 (5.33) を示そう．
(1) 次の 2 つの関数

第 5 章　さまざまな運動——周期運動

$$f(\theta) = \mathrm{e}^{\mathrm{i}\theta}, \quad g(\theta) = \cos\theta + \mathrm{i}\sin\theta \quad (\mathrm{i} = \sqrt{-1}\,)$$

の微分を計算して，両者がともに

$$\frac{\mathrm{d}f}{\mathrm{d}\theta} = \mathrm{i}f, \quad \frac{\mathrm{d}g}{\mathrm{d}\theta} = \mathrm{i}g$$

を満たすことを確かめよ．一方で，$f(0)=1$, $g(0)=1$ であるから，初期条件を同じくする 1 階の微分方程式の解の一意性から，2 つの関数は等しいことがわかる．

(2) 指数関数のマクローリン展開(章末問題 4.1)と上の結果から，三角関数のマクローリン展開

$$\cos\theta = 1 - \frac{\theta^2}{2!} + \frac{\theta^4}{4!} - \cdots = \sum_{n=0}^{\infty} \frac{(-1)^n}{(2n)!}\theta^{2n}$$

$$\sin\theta = \theta - \frac{\theta^3}{3!} + \frac{\theta^5}{5!} - \cdots = \sum_{n=0}^{\infty} \frac{(-1)^n}{(2n+1)!}\theta^{2n+1}$$

を確かめよ．

章末問題 解 答

第 1 章

問題 1.1 定義に従い

$$\lim_{h\to 0}\frac{1}{h}\left(\frac{1}{t+h}-\frac{1}{t}\right)=\lim_{h\to 0}\frac{1}{h}\frac{t-(t+h)}{(t+h)t}=-\frac{1}{t^2}$$

ゆえに，$(1/t)'=-1/t^2$ である．

問題 1.2 $f^2=t$ の両辺を t で微分して

$$2f\frac{df}{dt}=1 \implies \frac{df}{dt}=\frac{1}{2f}=\frac{1}{2\sqrt{t}}$$

ゆえに，$(\sqrt{t})'=1/2\sqrt{t}$ である．

問題 1.3 等加速度運動の式 $x=a_0 t^2/2$ を t について解いた

$$t=\sqrt{\frac{2x}{a_0}}$$

のグラフは，以下のとおりである．

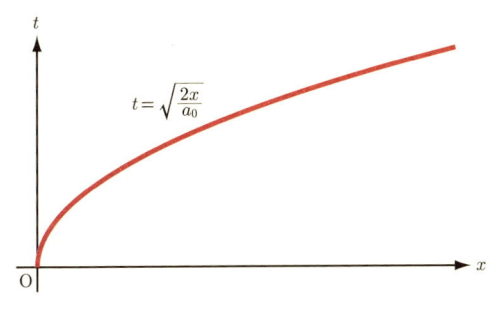

$t=\sqrt{\dfrac{2x}{a_0}}$ のグラフ

本を回して x 軸を上にすれば，放物線（の一部）が見える．
速度 $v=a_0 t$ から $t=v/a_0$ を $x=a_0 t^2/2$ に代入して

$$x = \frac{a_0}{2}\left(\frac{v}{a_0}\right)^2 = \frac{v^2}{2a_0}$$

を得る．

問題 1.4 $F=g/f$ の分母を払った $Ff=g$ の両辺を t で微分すると，積の微分規則から

$$\frac{dF}{dt}f + F\frac{df}{dt} = \frac{dg}{dt} \implies \frac{dF}{dt} = \frac{\dfrac{dg}{dt} - F\dfrac{df}{dt}}{f}$$

である．右辺に $F=g/f$ を代入して整理すれば

$$\frac{dF}{dt} = \frac{d}{dt}\left(\frac{g}{f}\right) = \frac{1}{f^2}\left(f\frac{dg}{dt} - \frac{df}{dt}g\right)$$

を得る．

問題 1.5

(1) $\dfrac{d}{dt}\left(\dfrac{t}{1+t}\right) = \dfrac{1\cdot(1+t) - t\cdot 1}{(1+t)^2} = \dfrac{1}{(1+t)^2}$

(2) $\dfrac{d}{dt}\dfrac{1}{1+t^2} = -\dfrac{2t}{(1+t^2)^2}$

問題 1.6 数学的帰納法による．$n=1$ のときの両辺は一致する．n のときも成り立つと仮定すれば $n+1$ のとき

$$(t+h)^{n+1} = (t+h)(t+h)^n$$
$$= (t+h)\left(\sum_{k=0}^{n}\binom{n}{k}t^{n-k}h^k\right)$$
$$= \binom{n}{0}t^{n+1} + \left(\binom{n}{0} + \binom{n}{1}\right)t^n h + \cdots + \binom{n}{n}h^{n+1}$$

と展開される．右辺の $t^{n-k+1}h^k$ の係数は

$$\binom{n}{k-1} + \binom{n}{k} = \frac{n!}{(n-k+1)!(k-1)!} + \frac{n!}{(n-k)!k!}$$
$$= \frac{n!}{(n-k+1)!k!}(k+(n-k+1)) = \frac{(n+1)!}{(n+1-k)!k!}$$
$$= \binom{n+1}{k}$$

ゆえに，$n+1$ の場合にも成り立つ．初項と末項の係数はともに 1 であるから

$$\binom{n}{0} = 1 = \binom{n+1}{0}, \quad \binom{n}{n} = 1 = \binom{n+1}{n+1}$$

と書き換えてよいことに注意．

よって t^n の微分は，定義に従い

$$\lim_{h\to 0} \frac{(t+h)^n - t^n}{h} = \lim_{h\to 0} \frac{nt^{n-1}h + O(h^2)}{h} = nt^{n-1}$$

となる．$O(h^2)$ は h^2 と同程度の大きさであることを示す．

第 2 章

問題 2.1 時間変数 t を消去すればよい．$t=x/v$ を $y=a\sin(\omega t)$ に代入して

$$y = a\sin\left(\frac{\omega x}{v}\right)$$

を得る．これは波長が $\lambda=2\pi v/\omega$ の動かない正弦波(定在波という)をあらわす．物体は，この波の上を移動していく．

問題 2.2 内積を計算すると

$$\boldsymbol{r}\cdot\boldsymbol{v} = a^2\omega\bigl(-\cos(\omega t)\sin(\omega t) + \sin(\omega t)\cos(\omega t)\bigr) = 0$$

となり，$\boldsymbol{r}$ と $\boldsymbol{v}$ は直交していることがわかる．

章末問題　解　答

問題 2.3　展開すると

$$f(t) = |\boldsymbol{a}t + \boldsymbol{b}|^2 = (\boldsymbol{a}t + \boldsymbol{b}) \cdot (\boldsymbol{a}t + \boldsymbol{b})$$
$$= (\boldsymbol{a} \cdot \boldsymbol{a})t^2 + 2(\boldsymbol{a} \cdot \boldsymbol{b})t + (\boldsymbol{b} \cdot \boldsymbol{b})$$
$$= |\boldsymbol{a}|^2 t^2 + 2(\boldsymbol{a} \cdot \boldsymbol{b})t + |\boldsymbol{b}|^2$$

と整理される．$f(t)$ は t の値によらず常に正またはゼロであるから，判別式は負またはゼロとなる．よって，

$$(\boldsymbol{a} \cdot \boldsymbol{b})^2 - |\boldsymbol{a}|^2 |\boldsymbol{b}|^2 \leqq 0$$

これはシュワルツの不等式である．

問題 2.4　サイン・コサインの加法公式より

$$\tan(\phi_1 + \phi_2) = \frac{\sin(\phi_1 + \phi_2)}{\cos(\phi_1 + \phi_2)}$$
$$= \frac{\sin\phi_1 \cos\phi_2 + \cos\phi_1 \sin\phi_2}{\cos\phi_1 \cos\phi_2 - \sin\phi_1 \sin\phi_2}$$
$$= \frac{\tan\phi_1 + \tan\phi_2}{1 - \tan\phi_1 \tan\phi_2} \quad (\text{分母・分子を } \cos\phi_1 \cos\phi_2 \text{ で割った})$$

を得る．

問題 2.5

$$\frac{\mathrm{d}}{\mathrm{d}t}(\boldsymbol{v} \cdot \boldsymbol{r}) = \dot{\boldsymbol{v}} \cdot \boldsymbol{r} + \boldsymbol{v} \cdot \dot{\boldsymbol{r}}$$
$$= \boldsymbol{a} \cdot \boldsymbol{r} + \boldsymbol{v} \cdot \boldsymbol{v} = 0$$

であるから，移項して

$$\boldsymbol{a} \cdot \boldsymbol{r} = -\boldsymbol{v}^2$$

を得る．左辺は，加速度ベクトルの動径方向への射影 a_r に r を掛けたものであるから

$$a_r = -\frac{v^2}{r}$$

が示された.

第3章

問題 3.1 バネの長さ ℓ は自然長 ℓ_0 より長い(伸びている)とする. このとき, 板に働く力は上向きに $2 \times k(\ell-\ell_0)$, 下向きに重力 mg と $k(\ell-\ell_0)$ であるから, 力のつりあいから

$$mg + k(\ell - \ell_0) = 2k(\ell - \ell_0) \implies \ell = \ell_0 + \frac{mg}{k}$$

を得る. 逆に $\ell < \ell_0$ のように縮んでいると考えても, 同じ結果が得られることに注意せよ(移項するだけ). 実際には上式からわかるように, 縮んだ状態でかつ同じ長さになることはあり得ない.

この平衡の位置から少しずらせて単振動させたとき, その周期はどうあらわされるか, 考えてみよ. 答えは

$$T = 2\pi \sqrt{\frac{m}{3k}}$$

となる. バネがこのように並列接続されたとき, バネ定数は3倍されるのである.

問題 3.2 全体積を V, 水の上に出ている部分の体積を V_0 とすると, 力のつりあいから

$$(V - V_0)\rho g = V \rho_0 g$$

が成り立つ. よって

$$\frac{V_0}{V} = \frac{\rho - \rho_0}{\rho} = \frac{1.03 - 0.92}{1.03} = 0.107$$

を得る．およそ 11% が水面上に出ていることになる．

問題 3.3 数値を代入すると
$$g = g_0\left(1+\frac{H}{R}\right)^{-2} = 9.8\left(1+\frac{8848}{6.4\times 10^6}\right)^{-2}$$
$$= 9.8\times(1+1.3825\times 10^{-3})^{-2} = 9.773 \quad (\mathrm{m\cdot s^{-2}})$$

を得る．x が小さいとき，近似式 $(1+x)^\alpha = 1+\alpha x$ を使うとよい．

問題 3.4 公転周期 T を $T = G^\alpha M^\beta a^\gamma$ と置く．右辺の次元を計算する．
$$G = \frac{\mathrm{ML}}{\mathrm{T}^2}\cdot\frac{\mathrm{L}^2}{\mathrm{M}^2} = \frac{\mathrm{L}^3}{\mathrm{MT}^2}$$

を使って
$$G^\alpha M^\beta a^\gamma = \left(\frac{\mathrm{L}^3}{\mathrm{MT}^2}\right)^\alpha (\mathrm{M})^\beta (\mathrm{L})^\gamma$$
$$= \mathrm{M}^{-\alpha+\beta}\mathrm{L}^{3\alpha+\gamma}\mathrm{T}^{-2\alpha}$$

となる．これが時間の次元 T を持つことから
$$-\alpha+\beta = 0, \quad 3\alpha+\gamma = 0, \quad -2\alpha = 1$$
$$\Rightarrow \quad \alpha = -\frac{1}{2}, \quad \beta = -\frac{1}{2}, \quad \gamma = \frac{3}{2}$$

を得る．よって
$$T = G^{-\frac{1}{2}}M^{-\frac{1}{2}}a^{\frac{3}{2}} \quad \Rightarrow \quad T^2 = \frac{a^3}{GM}\times(\text{無次元量})$$

が言えた．比例係数を含めた正確な導出は，『力学 II』の第 8 章で行なう．

問題 3.5 動径方向の運動方程式は，等速円運動の加速度が動径方向に $-v^2/r$（中心に向かう）で与えられること（問題 2.5）とニュートンの重力の法則から

$$-m\frac{v^2}{R} = -G\frac{Mm}{R^2}$$

で与えられる．ここで軌道半径 $r=R$ を使った．両辺とも符号が負なのは引力だからである．よって

$$v = \sqrt{\frac{GM}{R}}$$

を得る．ここでさらに，地上における重力加速度が

$$g = \frac{GM}{R^2}$$

となることを使うと

$$v = \sqrt{gR}$$

となる．これが**第1宇宙速度**である．またこのときの周期は $T=2\pi R/v$ から

$$T = 2\pi\sqrt{\frac{R}{g}}$$

で与えられる．具体的な数値を代入すると

$$v = 7.9 \times 10^3 \text{ m/s}, \quad T = 5.1 \times 10^3 \text{ s}$$

である．

第4章
問題 4.1　級数展開

$$x = \sum_{n=0}^{\infty} a_n t^n = a_0 + a_1 t + a_2 t^2 + \cdots$$

を微分方程式 $dx/dt = x$ の両辺に代入して項別微分すると

$$a_1 + 2a_2 t + 3a_3 t^2 + \cdots = a_0 + a_1 t + a_2 t^3 + \cdots$$

となる．よって，両辺の係数を比較すれば

$$a_1 = a_0, \quad 2a_2 = a_1, \quad \cdots, \quad na_n = a_{n-1}, \quad \cdots$$

を得る．一方で，初期条件 $x(0)=1$ から $a_0=1$ である．以上から，漸化式 $na_n = a_{n-1}$, $a_0=1$ を解いて

$$a_n = \frac{a_{n-1}}{n} = \frac{a_{n-2}}{n(n-1)} = \cdots = \frac{a_0}{n(n-1)\cdots 1} = \frac{1}{n!}$$

を得る．ゆえに，解は

$$x(t) = 1 + t + \frac{t^2}{2!} + \cdots = \sum_{n=0}^{\infty} \frac{t^n}{n!}$$

となる．これが指数関数 e^t のマクローリン級数展開である．

問題 4.2 1階ずつ積分していく．

$$\frac{d^n x}{dt^n} = 0,$$

$$\frac{d^{n-1} x}{dt^{n-1}} = C_{n-1}, \quad C_{n-1} = 定数$$

$$\frac{d^{n-2} x}{dt^{n-2}} = C_{n-1}t + C_{n-2}, \quad C_{n-2} = 定数$$

$$\vdots$$

$$x(t) = \frac{C_{n-1}}{(n-1)!}t^{n-1} + \frac{C_{n-2}}{(n-2)!}t^{n-2} + \cdots + C_1 t + C_0$$

すなわち n 階微分してゼロとなるのは $n-1$ 次の多項式で，積分定数は全部で n 個ある．

問題 4.3 速度の式 $\dfrac{dx}{dt} = v_0 e^{-kt/m}$ を1階積分して

$$x(t) = x(0) + \int_0^t v_0 e^{-kt/m} dt = v_0 \left[-\frac{m}{k} e^{-kt/m} \right]_0^t$$

$$= \frac{mv_0}{k}(1 - e^{-kt/m})$$

を得る（$x(0)=0$）．停止するまでの移動距離は $t \to \infty$ として

$$\text{移動距離} = \frac{mv_0}{k}$$

となる．停止するまでには（数学的には）無限の時間がかかるが，移動距離は有限なのである．これは古代ギリシアの哲学者ゼノンのパラドックスと同じである．

問題 4.4 x の正負で場合分けすれば

$$\log|x| = \begin{cases} \log x & (x > 0) \\ \log(-x) & (x < 0) \end{cases}$$

であるから，それぞれの場合で微分を実行して

$$\frac{\mathrm{d}}{\mathrm{d}x}\log|x| = \begin{cases} \dfrac{1}{x} & (x > 0) \\ \dfrac{-1}{-x} = \dfrac{1}{x} & (x < 0) \end{cases}$$

を得る．すなわち，どちらの場合も $1/x$ となる．この結果は $y=\log|x|$ のグラフを描いて，その接線の傾きから微分のグラフを想像してみればすぐにわかる．

問題 4.5 設問に従って

$$\int_0^v \frac{\mathrm{d}v}{v_\infty^2 - v^2} = \int_0^t \frac{k}{m}\mathrm{d}t$$

の両辺の積分を計算する．右辺は kt/m で，左辺は

$$\frac{1}{2v_\infty}\int_0^v \left(\frac{1}{v_\infty + v} + \frac{1}{v_\infty - v}\right)\mathrm{d}v = \frac{1}{2v_\infty}\Big[\log(v_\infty + v) - \log(v_\infty - v)\Big]_0^v$$

$$= \frac{1}{2v_\infty}\log\left(\frac{v_\infty + v}{v_\infty - v}\right)$$

となる．よって

$$\frac{1}{2v_\infty}\log\left(\frac{v_\infty + v}{v_\infty - v}\right) = \frac{kt}{m}$$

章末問題　解　答

を得る．v の式に直せば，

$$v = v_\infty \frac{e^{2kv_\infty t/m} - 1}{e^{2kv_\infty t/m} + 1}$$
$$= v_\infty \tanh\left(\frac{kv_\infty t}{m}\right) \quad (\text{ただし } v_\infty = \sqrt{mg/k}\,)$$

となる．ここで

$$\tanh x = \frac{e^x - e^{-x}}{e^x + e^{-x}}$$

は双曲線関数とよばれるもののひとつで，ハイパーボリック・タンジェントという．他に

$$\sinh x = \frac{e^x - e^{-x}}{2}, \quad \cosh x = \frac{e^x + e^{-x}}{2}$$

があり，それぞれハイパーボリック・サイン，ハイパーボリック・コサインと読む．参考までに，これらのグラフは以下のとおりである．

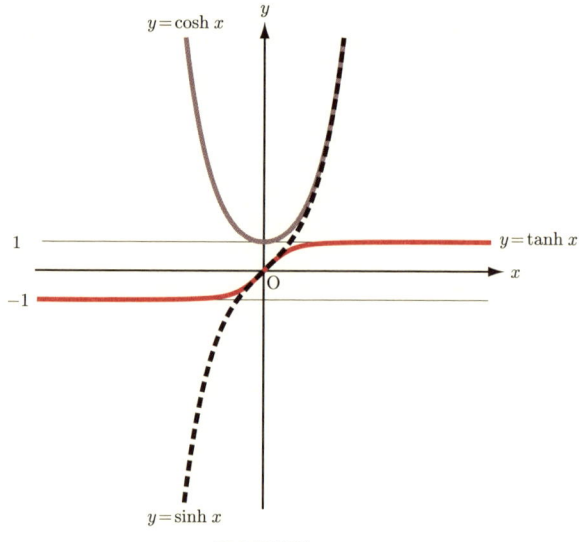

双曲線関数

問題 4.6 初速を v_0 とすると

$$h = v_0 t_1 - \frac{1}{2} g t_1^2$$
$$0 = v_0 (t_1 + t_2) - \frac{1}{2} g (t_1 + t_2)^2$$

が成り立つ．これらから v_0 を消去すればよい．2番目の式から $v_0 = g(t_1+t_2)/2$ が得られるから，これを1番目の式に代入すれば

$$h = \frac{1}{2} g (t_1 + t_2) t_1 - \frac{1}{2} g t_1^2$$
$$= \frac{1}{2} g t_1 t_2$$

を得る．

第 5 章

問題 5.1

(1) 置換 $x = \tan\phi$ により

$$\frac{\mathrm{d}x}{\mathrm{d}\phi} = \sec^2\phi = 1 + \tan^2\phi = 1 + x^2 \ ,$$
$$0 \leq x \leq 1 \iff 0 \leq \phi \leq \frac{\pi}{4}$$

であるから

$$I = \int_0^1 \frac{\mathrm{d}x}{1+x^2} = \int_0^{\pi/4} \mathrm{d}\phi = \frac{\pi}{4}$$

を得る．不定積分の形式に書けば

$$\int^x \frac{\mathrm{d}x}{1+x^2} = \tan^{-1} x$$

で，右辺は $\tan$ の逆関数アークタンジェントである．

(2) 置換 $x = a\cos^2\phi + b\sin^2\phi$ により

章末問題 解答

$$\frac{dx}{d\phi} = -2a\cos\phi\sin\phi + 2b\sin\phi\cos\phi = 2(b-a)\sin\phi\cos\phi ,$$

$$(x-a) = (b-a)\sin^2\phi , \quad (b-x) = (b-a)\cos^2\phi ,$$

$$\Rightarrow (x-a)(b-x) = (b-a)^2\sin^2\phi\cos^2\phi$$

$$a \leqq x \leqq b \quad \Leftrightarrow \quad 0 \leqq \phi \leqq \frac{\pi}{2}$$

であるから,

$$I = \int_a^b \frac{dx}{\sqrt{(x-a)(b-x)}} = \int_0^{\pi/2} 2\,d\phi = \pi$$

を得る.

問題 5.2 周期 T と角速度 ω の間には, 一周が 2π であるから, $\omega T = 2\pi$ すなわち

$$\omega = \frac{2\pi}{T}$$

の関係がある. 同様に, 一周が円周 $2\pi r$ であるから, $vT = 2\pi r$ より

$$v = \frac{2\pi r}{T}$$

と書ける. 最後に加速度は

$$a = r\omega^2 = \frac{4\pi^2 r}{T^2}$$

とあらわされる. なじみの公式でも, 異なる量であらわすと新鮮に感じるのは不思議である.

問題 5.3 おもりにはたらく力は, 張力 S と重力 mg の 2 つだけである. このうち接線方向の成分は重力による $mg\sin\phi$ である. よって, 問題にある運動方程式

$$m\ell\frac{d^2\phi}{dt^2} = -mg\sin\phi$$

を得る．角度 ϕ が小さいときは，極限公式

$$\lim_{\phi \to 0} \frac{\sin \phi}{\phi} = 1$$

から $\sin\phi \sim \phi$ と近似して，運動方程式は単振動の

$$m\ell \frac{\mathrm{d}^2\phi}{\mathrm{d}t^2} = -mg\phi \quad \Rightarrow \quad \frac{\mathrm{d}^2\phi}{\mathrm{d}t^2} = -\omega^2 \phi \quad \left(\omega = \sqrt{\frac{g}{\ell}}\right)$$

となる．この微分方程式の一般解は

$$\phi(t) = A\sin(\omega t) + B\cos(\omega t)$$

である．よって，周期は $T=2\pi/\omega=2\pi\sqrt{\dfrac{\ell}{g}}$ となる．

問題 5.4 外力の角速度 Ω に引きずられて，同じ振動をすると期待されるから，$x(t)=C\cos(\Omega t)$ を仮定して，微分方程式に代入すると

$$C(\omega^2 - \Omega^2)\cos(\Omega t) = \frac{F}{m}\cos(\Omega t)$$

となる．両辺の係数を比較して，振幅

$$C = \frac{F}{m(\omega^2 - \Omega^2)}$$

を得る．これに外力がない場合の一般解を加えて

$$x(t) = C\cos(\Omega t) + A\cos(\omega t) + B\sin(\omega t)$$

代入してみれば，簡単な計算から，たしかに解であることがわかる．積分定数を2つ含むから，これが求める一般解である．

一般に線形な微分方程式では，

> 非斉次方程式の一般解は，非斉次方程式の特別解に斉次方程式の一般解を加えたもの

で与えられる．

章末問題　解　答

問題 5.5　今度は抵抗力による 1 階微分があるから，
$$x(t) = C\cos(\Omega t) + D\sin(\Omega t)$$
を仮定して，微分方程式に代入すると

$$\left[(\omega^2 - \Omega^2)C + 2\gamma\Omega D\right]\cos(\Omega t) + \left[(\omega^2 - \Omega^2)D - 2\gamma\Omega C\right]\sin(\Omega t)$$
$$= \frac{F}{m}\cos(\Omega t)$$

となる．よって，両辺の係数比較により

$$(\omega^2 - \Omega^2)C + 2\gamma\Omega D = \frac{F}{m}, \quad (\omega^2 - \Omega^2)D - 2\gamma\Omega C = 0$$

を得る．この連立方程式を解けば，振幅

$$C = \frac{(\omega^2 - \Omega^2)F}{m\left[(\omega^2 - \Omega^2)^2 + 4\gamma^2\Omega^2\right]}, \quad D = \frac{2\gamma\Omega F}{m\left[(\omega^2 - \Omega^2)^2 + 4\gamma^2\Omega^2\right]}$$

が得られる．これが求める特別解である．

一般解は前問と同様に，この特別解に斉次方程式の一般解を加えたもので与えられる．すなわち，一般解は $\omega, \gamma > 0$ の大小関係に応じて

$$x(t) = C\cos(\Omega t) + D\sin(\Omega t)$$
$$\qquad + e^{-\gamma t}\left(A\cos(\sqrt{\omega^2 - \gamma^2}\,t) + B\sin(\sqrt{\omega^2 - \gamma^2}\,t)\right), \qquad (\omega > \gamma)$$

$$x(t) = C\cos(\Omega t) + D\sin(\Omega t)$$
$$\qquad + e^{-\gamma t}\left(Ae^{\sqrt{\gamma^2 - \omega^2}\,t} + Be^{-\sqrt{\gamma^2 - \omega^2}\,t}\right), \qquad (\omega < \gamma)$$

$$x(t) = C\cos(\Omega t) + D\sin(\Omega t) + e^{-\gamma t}(At + B), \qquad (\omega = \gamma)$$

となる．ここに C, D は上記で求まった振幅で，A, B は（初期条件で決まる）任意定数である．

問題 5.6

(1) 微分を実行すると，それぞれ

$$\frac{\mathrm{d}f}{\mathrm{d}\theta} = \frac{\mathrm{d}}{\mathrm{d}\theta}\mathrm{e}^{\mathrm{i}\theta} = \mathrm{i}\mathrm{e}^{\mathrm{i}\theta} = \mathrm{i}f,$$
$$\frac{\mathrm{d}g}{\mathrm{d}\theta} = \frac{\mathrm{d}}{\mathrm{d}\theta}(\cos\theta + \mathrm{i}\sin\theta) = -\sin\theta + \mathrm{i}\cos\theta = \mathrm{i}(\cos\theta + \mathrm{i}\sin\theta) = \mathrm{i}g$$

となり，同じ微分方程式を満たす．初期値も一致するから，2つの関数は一致する．これがオイラーの公式である．

$$\mathrm{e}^{\mathrm{i}\theta} = \cos\theta + \mathrm{i}\sin\theta$$

(2) 指数関数のマクローリン展開より
$$\mathrm{e}^{\mathrm{i}\theta} = 1 + \mathrm{i}\theta + \frac{(\mathrm{i}\theta)^2}{2!} + \frac{(\mathrm{i}\theta)^3}{3!} + \cdots$$
$$= \left(1 - \frac{\theta^2}{2!} + \frac{\theta^4}{4!} - \cdots\right) + \mathrm{i}\left(\theta - \frac{\theta^3}{3!} + \frac{\theta^5}{5!} - \cdots\right)$$

となる ($\mathrm{i}^2 = -1$)．これが $\cos\theta + \mathrm{i}\sin\theta$ と一致するのだから，実部・虚部を等値して，三角関数のマクローリン展開を得る．

$$\cos\theta = 1 - \frac{\theta^2}{2!} + \frac{\theta^4}{4!} - \cdots = \sum_{n=0}^{\infty} \frac{(-1)^n}{(2n)!}\theta^{2n}$$
$$\sin\theta = \theta - \frac{\theta^3}{3!} + \frac{\theta^5}{5!} - \cdots = \sum_{n=0}^{\infty} \frac{(-1)^n}{(2n+1)!}\theta^{2n+1}$$

索　引

1価関数　4
2階の微分方程式　70
$v\text{-}t$ グラフ　6
$x\text{-}t$ グラフ　3

あ　行

アークサイン　105
位置ベクトル　28
一般解　71, 73
運動の法則　53
運動方程式　73
円運動　46, 115, 119
円錐振り子　117
オイラーの公式　113

か　行

角振動数　46
角速度　46
加速度　8, 10, 19
加法公式　39, 40
ガリレイの相対性原理　55
慣性系　55
慣性の法則　52
慣性力　56
軌跡　42
基底ベクトル　30
軌道　42
逆関数　89
逆問題　116
強制振動　121
共鳴　121
極限　7
極座標　33
鎖の規則　18
区分求積法　78
決定論的性格（ニュートン力学の）　77
ケプラーの第3法則　68

原始関数　74
減衰振動　109, 111
減法公式　39
高階微分　18
広義積分　76
向心力　119
合成関数　17
コサイン　34
弧度法　34

さ　行

サイン　34
作用・反作用の法則　54
三角関数　34
三角関数の加法公式　36
三角関数の微分公式　104
三角関数のマクローリン展開　122
次元　62
次元解析　64
指数関数　83
　――の性質　87
　――の定義　85
指数法則　85, 87
自然対数　88
自然対数の底　85
質点　58
終端速度　93
自由ベクトル　27
重力加速度　81
重力の法則　57
瞬間速度　7
常用対数　88
初期条件　71, 73
スカラー　32
スカラー積　32
正弦関数　35
正接関数　35

139

索　引

積の微分公式　14
積分　74
　　——の性質　76
積分定数　74
積分変数　74
ゼロ・ベクトル　30
漸化式　83
線形斉次微分方程式　113
線形微分方程式　113
速度　2, 9
束縛ベクトル　28

た　行

第 1 宇宙速度　68, 129
第 1 法則 (ニュートンの運動の 3 法則)
　52
第 2 法則 (ニュートンの運動の 3 法則)
　53
第 3 法則 (ニュートンの運動の 3 法則)
　54
対数法則　89
多項式　16
単位　62
タンジェント　35
単振動　100
ダンパー　82
チェイン・ルール　18
置換積分　104
中心力　119
調和振動　100
直角座標　26
定積分　74, 76
　　——の性質　76
底の変換　88
デカルト座標　26
等加速度運動　8, 70, 79
等速直線運動　40
等速度運動　5
特解　71
特性方程式　113
特別解　71

な　行

内積　31
ニュートン　9, 52
ニュートン (力の単位)　53
ニュートンの運動の 3 法則　52
ニュートンの運動方程式　53
ネピア定数　85

は　行

倍角公式　40
バネ定数　65
速さ　2
半角公式　40
万有引力定数　57
万有引力の法則　57
微積分学の基本定理　77
微分　13
　　——の基本性質　14
微分商　13
微分方程式　22, 70, 73
　　——の階数　70, 73
　　——の次数　70, 73
微分方程式を解く　71
フック　101
フックの力　100
フックの法則　64
不定積分　74
振り子の運動方程式　120
平均速度　6
平均の速さ　3
ベキ乗の微分法則　15
ベクトル　27, 32
　　——の差　27
　　——の実数倍　27
　　——の和　27
偏角　33, 46
変数分離形　94
変数分離法　94
放物線　43, 44
放物線運動　43

索　引

ま　行

マクローリン展開　95

や　行

余弦関数　35

ら　行

ライプニッツ　12
ラジアン　34

〔執筆者紹介〕

十河 清
1949年生まれ．1981年東京大学大学院理学系研究科物理学専攻博士課程修了．計算流体力学研究所所研究員などを経て，北里大学理学部教授(2015年定年退職)．理学博士．専門は数理物理学，統計力学．

和達三樹
1945-2011年．1970年ニューヨーク州立大学大学院修了(Ph.D)．東京大学大学院理学系研究科教授，東京理科大学大学院理学研究科教授を務める．専門は理論物理学，とくに物性基礎論，統計力学．

出口哲生
1964年生まれ．1990年東京大学大学院理学系研究科博士課程退学．現在，お茶の水女子大学理学部教授．博士(理学)．専門は数理物理学，とくに物性基礎論．

ゼロからの力学Ⅰ　〔ゼロからの大学物理1〕
2005年9月29日　第1刷発行
2023年3月15日　第14刷発行

著　者　十河 清・和達三樹・出口哲生
発行者　坂本政謙
発行所　株式会社 岩波書店
　　　　〒101-8002 東京都千代田区一ツ橋 2-5-5
　　　　電話案内 03-5210-4000
　　　　https://www.iwanami.co.jp/

印刷製本・法令印刷

© Kiyoshi Sogo, 和達朝子,
　Tetsuo Deguchi 2005
ISBN 978-4-00-006696-9　Printed in Japan

ゼロからの大学物理 全5巻

和達三樹・十河 清・出口哲生

A5判・並製カバー・2色刷

ゼロからの大学物理1
ゼロからの 力　学 I　　定価2640円

ゼロからの大学物理2
ゼロからの 力　学 II　　定価2750円

ゼロからの大学物理3
ゼロからの 電磁気学 I　　定価3300円

ゼロからの大学物理4
ゼロからの 電磁気学 II　　定価2860円

ゼロからの大学物理5
ゼロからの 熱力学と統計力学
定価3080円

──────── 岩波書店刊 ────────

定価は消費税10%込です
2023年3月現在